性格管理：
细节决定成败

李素静◎著

◑ 中华工商联合出版社

前　言

　　为人诚实和直率，确实是人际交往的必要准则，但这并不代表我们什么话都可以说。毫无疑问，有时候比起那些说话遮遮掩掩、油腔滑调的人，我们的诚实和直率能给人一种心无城府、坦坦荡荡、正直可靠的感觉，更容易赢得人们的好感和信赖。可过分诚实和直率却只会造成适得其反的后果，众所周知，人人皆有自尊心，人人都顾及自己的脸面，因此，当我们的直言快语一不留神伤害到对方极为珍视的颜面时，试问还会有谁欣赏我们的心无城府？他们肯定会认为我们口无遮拦，说话缺心眼，有的人甚至还会觉得我们是在故意挑衅和侮辱。

　　既然说真话这么容易惹祸上身，那是不是意味着我们再也不能坦诚地对待别人了？非也，非也，虽说过分诚实和直率容易得罪人，使得对方下不来台，最后不但让自己招人记恨，还把自己推入众人排斥孤立的境地，可是只要我们掌握说话的艺术，就能把原本逆耳的忠言化作人人都爱听的顺耳的好话。

　　美国第30任总统柯立芝就是一个深谙方圆之道的典型例子。

　　柯立芝有一位女秘书，虽然女秘书容貌姣好，可处理公文却不够细致漂亮，经常出差错，这让柯立芝感到有些头疼。尽管如此，柯立芝仍然不愿意直言指出女秘书的不足之处，他担心自己的诚实批评会伤害到女秘书，于是，他想出了一个好办法。

一天早晨，柯立芝一见女秘书走进办公室，便笑着对她说："你今天穿的这身衣服真漂亮，特别适合你这位年轻貌美的女士。"

女秘书听了，脸红得像一个红苹果，一时间也不晓得该作何回应。这时，柯立芝连忙趁热打铁地说道："好啦，别洋洋得意啦，我相信你处理的公文也能和你一样漂亮。"果然从那天起，女秘书处理公文比以往更加细致，很少出现什么错误。

其实，柯立芝的这种做法跟理发师替人刮胡子有着异曲同工之妙。为什么这么说呢？在理发店里，我们应该很少看见有理发师一上来，就直接拿着刮胡刀给人刮胡子的吧，他们在刮之前，一般都要先给人涂上肥皂水，因为这样刮起来才不会弄疼别人。而柯立芝为了让女秘书愉快地接纳他的建议，也事先给她涂上了一层温和的"肥皂水"，如此一来，既避免用言语伤害了女秘书，也让自己的诚实和直率有了一个合适稳妥的出处。

存在主义哲学家萨特有这样一句名言："他人即地狱。"这句话深刻地揭露了人与人之间的对立状态，因此，我们若想在思维观念和言行举止上永远不和人发生冲突，那无异于痴人说梦。既然冲突无法避免，我们当务之急要做的就是采取合适的方式，说话尽量拐道弯儿，把恶语化作良言，让对方于身心愉悦中，听懂我们的弦外之音，从而达到预期的目的。

在所有的性格里，最吃亏的莫过于刀子嘴豆腐心，这种人秉性不坏，心还很软，就是嘴巴厉害，经常说一些伤人的狠话。话说完了，留给别人的印象是"尖酸""刻薄""斤斤计较"等等，其实一遇到麻烦事儿，大方地对他人伸出援手的往往还是这种人。

如果你是一个直性子的人，也曾遇到过这样或者那样的问题，那你一定要仔细读一读这本书，别让自己的直性子成为人生路上的障碍。

目　录

第三章
懂得变通，人生才有出路

第四章
说话有分寸，要句句带余地

第五章
懂得人际关系是复杂的

第六章
行走职场，你需要曲直相结

第七章
职场上交流的注意事项

直率是好事，
但人生要有方圆

　　直性子的人考虑问题很简单，做人做事也更容易走极端。但人生并不是所有的事情都能靠直性子解决的，人生需要懂一点方圆之道。有方有圆、有刚有柔，方圆有道、刚柔相济。这样的人生才是你可以驾驭的。

　　在中国的处世哲学中，最讲究方圆之术。其中的"圆"是指做人要圆融、圆通一些，要想在复杂的人情关系中，取得顺畅生活的通行证，打圆场、下台阶是方圆之术的常用手法。如果不幸落入社交僵局之中，就要通权达变，打破冷场坚冰。

从华佗被杀说起

　　《三国演义》里记载了这样一则故事：奸雄曹操得了头风病，久治不愈，于是他请来名医华佗为他诊治。一番诊断之后，华佗就对曹操说，你的脑子里长了"风涎"，它是你头风病的病根所在。只有先服用了"麻沸散"，然后用利斧砍开脑袋，取出"风涎"，才能彻底治好你的头风病。

　　一向疑心很重的曹操，一听要开自己的头颅才能把病治好，顿时勃然大怒。他认为华佗是心怀不轨，八成是为了给死去的关羽报仇，所以才特地设计了这个治疗法子，假借"开刀治病"，意图杀害自己。因此，盛怒之下的曹操立即把华佗关入狱中，不久便把华佗杀了。

　　很多人读完这个故事后，纷纷都替华佗喊冤，认为他死得实在是太倒霉。但在我看来，华佗的冤死，责任不全在曹操身上，华佗本人也要为此承担一定的责任。毕竟，曹操生性多疑是众人皆知的事情。即便是为了治病，他也断断不会轻信华佗的一面之词，将自己的头颅劈开取出"风涎"。这可是要命的事儿，况且华佗又不是他的亲信心腹，那么宝贵自己性命的曹操又怎么会舍得冒险开颅取出"风涎"呢？

　　因此，华佗没有注意到曹操的个人禁忌才是他最后被杀的关键所在。他想给曹操开颅治病，无异于与虎谋皮，焉能不被老虎生吞活剥？

　　俗话说："逢人只说三分话，未可全抛一片心。"这句话在警诫我们为人处世必须要小心谨慎，说话行事一定要看对方是什么样的人，即所谓的"看人下菜碟"。万万不可像华佗那样，也不细细忖度一下曹操的为人，寻思一下自己和曹操是不是深交的关系，就竹筒倒豆子似的说出开颅治病的方子，结果只会招引曹操的不疑，惹来无辜的杀身之祸。

这个故事后与孔老夫子说的那句话——不得其人而言，谓之失言——不谋而合。在现实生活中，与人往来，我们一定要时刻注意他人人性中的禁忌雷区，说话要因人而异，分场合，看对象，千万不要图一时口舌之快，否则无意中得罪了别人还不自知呢！

世上没有两片完全相同的叶子，一千个人也有一千张面孔，再加上人心又是复杂难测的，因此，和人打交道，千篇一律的沟通方式肯定行不通。不过方法总比问题多，针对不同性格的人，我们只要学会灵活应变，在自己的言行举止中添加不同的佐料，沟道自然水到渠成。

下面我们简单列举三种不同性格的人：

1. 生性多疑、心胸狭窄的人

上文所说的曹操就是一个典型的例子，这种人一般对别人所说的话，总是持一种怀疑的态度，言语中往往缺乏应有的热情，不管对方说什么，他们常常喜欢反问一句："啊，是吗？"

和这种人打交道，我们切记不要心直口快，更不要口无遮拦触及对方的隐私或是缺点，保持亲切友善和不急不躁的谈话态度才是最要紧的。如果彼此在某些问题上持不一样的观点，我们千万不能任着性子和其争辩不休，也无须为此多加解释，因为这种人往往有着非常强的戒备心和自我主见，他们绝对不会因为别人的三言两语而改变自己的看法。

因此，当他对我们所说的话提出质疑时，我们不妨放低身段，主动去迎合他的想法，让对方有一种被重视和尊重的感觉，从而对我们生出些许的亲近之心，比如我们可以这么说："您的话真是一针见血，和您相比，我确实是目光短浅，日后还希望您多多指点我一下！"

2. 沉默寡言、优柔寡断的人

这种人说话一般都非常谨慎，并不太愿意参与到谈话中来，很多时候，我们问他一个问题，他很有可能大半天都憋不出一个字来。虽然这种性格的人通常都是一个很好的倾听者，但绝对不是一个很好的聊天对象，因为他们从不轻易说出自己的真实想法，且严重缺乏主见，我们说什么，他们都会点头称是。

和这种人打交道，我们首先就要牢牢把握谈话的主动权，多运用一些肯定性的用语，多从对方的立场来考虑问题，多提一些积极的建议。

其次，我们绝对不要强迫他们发言，语气也应该尽量放柔和，语速当然也不能过快，适当地提一些容易回答的问题来问他们，才能慢慢引导他们卸下心理包袱，参与到谈话之中。

最后，这种人一般都非常讨厌夸夸其谈、过于表现自己的人，因此，我们在谈话的时候，一定要避免噼里啪啦讲个不停，腾出一点空间耐心地等待他们的回应，才能给他们留下一个很好的印象，使得其愿意日后和我们有进一步的接触。

3. 夸夸其谈、先入为主的人

"我的朋友遍布五湖四海！""我今天又谈成了一笔大生意！""我天天吃山珍海味，都吃腻了！"……这类人喜欢以自我为中心，特别热衷于在别人面前吹牛皮、炫耀，他们三句话总是不离"我"字，仿佛全世界人除了他之外都一文不值！

其实这种人最令人厌恶，因为他们总是把所有耀眼的光环据为己有，一点也不愿意和其他人分享，这种自以为是和优越感只会让身边的人感到厌烦。

不过话又说回来，这种人比起前面所说的两种人，往往要更容易掌控些，因为他们要的非常简单，无非就是别人的认可和羡慕。只要不停地恭维他们、赞美他们、向他们求教，那我们很快就能俘获他们的芳心，使得其特别愿意和我们建立一段长久的关系。

俗话说得好："于僧人论佛，与道士谈仙，于商人言利，与文人话儒，与朋友聊义，与爱人表情。"归根结底，人与人之间的沟通就是一个对症下药的过程，华佗给曹操看病，虽然施对了医术，却没有下准确心药，所以最后才惨遭曹操的杀害。平时与人打交道，说话行事最好谨慎再谨慎。

直性子容易走极端

有的人过分坚持原则，容易走极端，把原则抬高到一个不适当的位置，结果造成许多不良的后果，这其中就包括直性子的人。其根本原因乃在于他们并没有真正理解这些原则的内涵。改变这种直性子的重要任务之一，就是要使他们从以原则为纲转向以结果为本，在办事过程善于利用人情的弹性空间。

那些直性子，尤其是性格比较耿介的，往往给人以一种不近情理的感觉。他们冷面无情又一片公心，他们顽固不化又能以身作则。从社会发展的角度说，我们的确需要一部分这样的人坚守住某些信念的堡垒，但是同样出于这一角度，我们更希望他们能以灵活和务实的态度把这些原则变成使众人受益的现实。

显而易见，直性子这种不通晓人情，片面坚持原则的做法有一定不良后果。从社会来讲，它事实上阻碍了创新和尝试，因为任何新生事物总是以异于传统的面目出现的，不能学会宽容和权变，就很可能会成为一种妨碍进步的力量。从个人角度来讲，片面坚持原则使自己应该做成的事没有做成，自身利益受到损害，自己从事的某项事业也可能因人际关系僵化而陷入孤立无援的状态，空有大志而无从实现。

因此，极端走不得，害人害己。不走极端，则要求的是能通晓人情。通晓人情，就是要有一种设身处地、将心比心的情感体验的态度。从正面讲，就是要"己欲立而立人，己欲达而达人"。就好像肚子饿了要吃饭，应该想到别人肚子也饿了，也要吃饭；身上冷了要穿衣，应想到别人也与你一样。懂得这些，你就要"推食食人""解衣衣人"。刘邦就知道这种道理，所以他在韩信眼中是个通人情的人，并且使韩信欠下自己的人情债不忍背叛。

汉王四年，韩信平定了齐国，他向汉王刘邦上书说："我愿暂代理齐王。"刘邦大怒，转念一想，他现在身处困境，需要韩信，就答应了。韩信的力量更加壮大，齐国人蒯通知道天下的胜负取决于韩信，就对他说："相你的'面'，不过是个诸侯；相你的'背'，却是个大福大贵之人。当前，刘、项二王的命运都悬在你手上，你不如两方都不帮，与他们三分天下，以你的贤才，加上众多的兵力，还有强大的齐国，将来天下必定是你的。"

韩信说："汉王待我恩泽深厚，他的车让我坐，他的衣服让我穿，他的饭给我吃。我听说，坐人家的车要分担人家的灾难，穿人家的衣服要思虑人家的忧患，吃人家的饭要誓死为人家效力，我与汉王感情深厚，怎能为个人利益而背信弃义。"

过了几天，蒯通又去见韩信，告诉他时机失去了便不再来，韩信犹豫不决，只因汉王对他情深义重。

我们姑且不论刘邦以后如何处死了韩信，但就人情世故而言，刘邦做得很成功，他能令韩信在想到背叛时心中产生了愧疚之意，不忍去做。

通晓人情从反面讲，就是要"己所不欲，勿施于人"。你爱面子，就别伤别人面子；你要自己受人尊重，就不能不尊重别人。

"只许州官放火，不许百姓点灯"的事，也不是没有人做。

项羽就是其中之一。虽然他有"霸王"的美称，却只有霸者的习气，没有王者的风范。他自己想称王，却想不到手下的弟兄也想做官。该赐爵的时候，爵印就在他手中，棱角都磨损了，他还是舍不得颁发下去。

因此，与其说项羽败给刘邦，还不如说他输给了人情。

通晓了世味人情，就要求我们为人处世要能方圆有术。有方有圆，才能左右逢源。

卡内基曾说："一个人的成功只有5％是依靠专业技术，而95％却要依靠人际关系、有效说话等软科学本领。"现在的社会，是一个竞争越来越激烈的社会，这就需要我们做人要能方能圆。

"方"，就是方方正正，有棱有角，指一个人做人做事有自己的主张和原则，不被人所左右。"圆"，就是圆滑世故，融通老成，指一个人做人做事讲究技巧，该前则前，该后则后，能够认清时务，使自己进退自如，游刃有余。

一个人如果过分方方正正，有棱有角，必将碰得头破血流；而一个人如果八面玲珑，圆滑透顶，总是想让别人吃亏，自己占便宜，也必将众叛亲离。因此，做人必须方外有圆，圆内有方。

"方"是做人之本，是堂堂正正做人的脊梁。但是人仅仅依靠"方"是不够的，还需要有"圆"的包裹，无论是在商界、官场，还是交友、情爱、谋职等，都需要掌握"方圆"的技巧，这样才能无往不利。

"圆"是处世之道，是妥妥当当处世的锦囊。现实生活中，有在学校成绩一流的学生，进入社会却成一厂打工的；在学校成绩二流的，进入社会却当了老板。为什么呢？就是因为成绩一流的同学过分专心于专业知识，忽略了做人的"圆"；而成绩二流甚至三流的同学却在与人交往中掌握了处世的原则。

事实上，真正的"方圆"之人，是大智慧与大容忍的结合体，有勇猛斗士的武力，有沉静智慧的平和。真正的"方圆"之人能对大喜悦与大悲哀泰然不惊。真正的"方圆"之人，行动时干练、迅速，不为感情所左右；退避时，能审时度势，全身而退，而且能抓住最佳机会东山再起。真正的"方圆"之人，没有失败，只有沉默，这种沉默是面对挫折与逆境积蓄力量的沉默。

在强大的对手高压下，在面临危机的时候，采取藏巧于拙，往往可以避灾逃祸，转危为安，不失为一种高明之术。

《三国演义》中有一段"曹操煮酒论英雄"的事情。当时刘备落难投靠曹操，曹操很真诚地接待了刘备。刘备住在许都，为防曹操谋害，就在后园种菜，亲自浇灌，以此迷惑曹操，让他放松对自己的警视。一日，曹操约刘备入府饮酒，煮酒论英雄。刘备点遍袁术、袁绍、刘表、孙策、张绣、张鲁，但均被曹操一一贬低。曹操指出英雄的标准——"胸怀大志，腹有良谋，有包藏宇宙之机，吞吐天地之志"。刘备问："谁人当之？"曹操说："天下英雄唯使君与操尔。"

刘备本以韬晦之计栖身许都，被曹操点破是英雄后，竟吓得把匙箸丢落在地下，恰好当时大雨将至，雷声大作。曹操问刘备，为什么把筷子弄掉了？刘备从容俯拾匙箸，并说："一震之威，乃至于此。"曹操说："丈夫亦畏雷乎？"刘备说："圣人迅雷风烈必变，安得不畏？"

自此，曹操认为刘备胸无大志，必不能成气候，也就未把他放在心上，刘备才巧妙地将自己的慌乱掩饰过去，从而也避免了一场劫难。

总之，我们要避免直性子的毛病，就需要运用"方圆"之理。方圆之术用得好，必能无往不胜，所向披靡。无论是趋进，还是退止，都能泰然自若，不为世人的眼光和评论所左右。

做人圆通而不是圆滑

一个国家，一个社会，必须分清是非，建立自身的道德原则和价值标准，这是"方"，"无方则不立'。但是，只有方，没有圆，为人处世只是死守着一些规矩和原则，毫无变通之处，过于直率，不讲情面，过于拘泥于礼仪法度，不懂得根据具体的情况灵活把握，则会流于僵硬和刻板。

比如，郑人买履的故事，他在去市场买鞋之前，先量好自己脚的大小尺寸，等到了市场才想起自己忘了拿尺码。卖鞋地告诉他为什么不用脚试一试呢？他回答说，宁可相信尺码，不信自己的脚。还有刻舟求剑的故事等，就是指这种做人拘泥于已有的条条框框，刻板，僵化，不知变通。做人，要学会圆通，但不能圆滑。

圆通就是通常人们所说的持经达权。它意味着一个人有一定的社会经验，对社会有一定的适应能力，能处理得好人与人之间的关系，对复杂的局面能控、制得住。

圆滑这两个字，人们一般是不太喜欢的。那么，究竟什么是圆滑呢？它是指一些人在做人做事方面的不诚实、不负责任，油滑、狡诈、滑头滑脑。圆滑的人外圆内也圆，为变通而变通，失去原则。有圆无方失之于圆滑。离经而叛道，表面上看是对人一团和气，实际上已丧失了原则立场。

圆滑是一种"泛性"。它可以表现在一个人如何做人的各个方面、各个层次之中：既可以表现在"政治行为"之中，也可以表现在"工作行为"之中，还可以表现在待人接物的细小事务之中；有成熟意义上的圆滑，如"老奸巨猾"，也有一般意义上的圆滑，如为了占小便宜之类的圆滑。

圆滑的人在回答问题时，不是直截了当地表达自己的立场和观点，而是含含糊糊，模棱两可，似是而非。比如："请问要喝咖啡，还是红茶？"圆滑的人不是明白爽快地回答"咖啡"或"红茶"，而是这样回答："随便"或"哪样都可以"。林语堂先生把这种表现称之为"老猾俏皮"。他打了一个比方：假设一个九月的清晨，秋风倒有一些劲峭的样儿，有一位年轻小伙子，兴冲冲地跑到他的祖父那儿，一把拖着他，硬要他一同去洗海水浴，那老人家不高兴，拒绝了他的请求，那少年忍不住露出诧异的怒容，至于那老年人则仅仅愉悦地微笑一下。这一笑便是俏皮的笑。不过，谁也不能说二者之间谁是对的。

在对某些问题的判断和看法上，圆滑的人常以"很难说"或"不一定"之类的话来搪塞。每一句话都对，听起来很有道理，但是说了等于没说。在遇到什么重大的事或难办的事时，圆滑的人更是一般不会轻易表态。往往只在有了"定论"之后才发表他的"智者的高见"，事后诸葛亮的"妙语"比谁说得都好听。

圆滑的人一般都是"随风倒"的人。像墙头上的草，善辨风向、见风就转舵。这类人，没有是非标准，"风向"对他们来说是唯一判别的标准，谁上台了就说谁的好，谁下台了又开始说谁的不好。

圆滑的人，情感世界复杂多变。待人接物显得非常"热情"，充满了"溢美"之辞，然而只要你细细地观察，这类"热情"中不乏虚伪的成分。这类人，当面净说好话，可一转脸就变成骂娘的话了。这类人，怀揣一种肮脏的心理，设置一些圈套让一些不通世故的人往圈套里钻。甚至"坑"了人家还要让他人说一句感激的话。

满脑子"圆滑"的人，看什么事情都觉得相当圆滑，连带看什么人都觉得丑陋、卑鄙。圆滑者可鄙，提倡做一个圆通而不圆滑之人。

方圆相济，才得正道

方与圆、刚与柔，这两者的含义，具有内在的一致性。圆为和谐、变通、灵活性，体现了柔韧、柔弱的一面，方则为个性、稳定、原则性，体现了刚直、刚强的一面。刚而能柔，这是用刚的方法；柔而能刚，这是用柔的方法。强而能弱，这是用强的方法；弱而能强，这是用弱的方法。在处理天下事时，有以刚取胜的，有以强取胜的；有以柔取胜的，也有以弱取胜的。处世亦同此理。

自然界中弱小者常靠柔韧的品性战胜强大。天下之物莫柔于水，而攻坚强者莫之能先。雪压竹头低，地下欲沾泥；一轮红日起，依旧与天齐。飓风狂暴地侵袭小草，小草只摇晃了一下身子，依然保持了生命的绿色。

人也如此。年轻时，孔子曾去求教老子，老子不跟孔子说话，只是张开嘴让孔子看。深奥的哲理不必用语言交流，但却可以体悟。两位哲人心领神会，张嘴而不说话的哲理：牙齿掉了，舌头还在。牙齿是硬的，舌头是软的，硬的东西因其刚强而死亡，软的东西因其柔弱而存在。所以人到老年，刚硬的牙齿不在了，而柔弱舌头仍旧灵活自如。刚往往只是外表的强大，柔则常常是内在的优势。因此柔能克刚便成了一条辩证的法则。

刚直容易折断。曾有人这样说：方与严是待人的大弊病，圣人贤哲待人，只在于温柔敦厚。所以说广泛地爱护人民，这叫作和而不同。若只任凭他们凄凄凉凉，保持自身冷傲清高，如此，便是世间的一个障碍物。即使是持身方正，独立不拘，也还是不能济世的人才。充其量只能算一个性情正直、不肯同流合污的人士罢了。但是，只有柔又会怎样呢？倘若世界上只有柔，那就会成为可悲的柔弱，它就可任意扭曲，像一根在水里浸泡了许久的藤条一样。

刚与柔如鸟的两只翅膀，车子的两个轮子，缺一不可。只刚就容易方，只柔就容易圆。为人处世，最好是方圆并用，刚柔并济，这才是全面的方法，也是成功之道。如果能刚而不能柔，能方而不能圆，能强而不能弱，能弱而不能强，能进而不能退，能退而不能进，注定失败。

刚柔相济，大可以用来治理国家天下，小可以用来处世持身。聪明的拳击手常常以此取胜。中国的太极拳和日本的柔道也因此长盛不衰。曾国藩对此领略颇深，他说：做人的道理，刚柔互用，不可偏废。太柔就会萎靡，太刚就容易折断。但刚不是说要残暴严厉，只不过不要强矫而已。趋事赴公，就得强矫。争名逐利，就得谦退。所以他虽居在功名富贵的最高处，却能全身而归，全身而终。

做人处世若能刚柔相济，把方与圆的智慧结合起来，做到该方就方，该圆就圆，方到什么程度，圆到什么程度，都恰到好处，那就是方圆无碍了。方圆无碍，按现在的说法是原则性与灵活性的高度统一，这是一种最高级的战略，最高级的政策，也是为人处世最高级的方式、方法。要做到这一点，则需要高度的智慧和修养。

南越王赵佗，原本是秦朝派到广东、广西管理南方的地方官，秦朝灭亡之后，他自立为王。汉高祖平定天下以后，不愿再动用刀兵，对他实行了安抚政策，仍任命他管理南方，并给以赏赐。这种怀柔政策使得汉朝的南疆和偏远的地区得以安宁。可是吕后当政时，却将南方视为蛮夷，并制定一些民族歧视和压制政策，最终激起了赵佗等人的反抗。

汉文帝即位以后，重新恢复了汉高祖刘邦推行的安抚政策，除了给赵佗许多的赏赐以外，还给他的亲属加封官职。这一切使赵佗深受感动，自动废除了王号，并上书请罚，发誓永远向汉朝称臣。

从这个例子中，我们可以看到，在管理下属的过程中，光有软的或硬的似乎都不妥，最高明的则是软中有硬。我们可以把领导者的发威视为"硬话"，而把领导者的"施恩"视为"软话"。软硬齐施，双管齐下，因人因事而采取相应的措施。领导者用"硬话"发威以后，给下属以一段时间检讨自己的行为，反思自己的过失，然后领导者可以有计划地逐步做收服人心的工作。可以把自己认为有影响的下属先找来，进行深入地长谈，用词也不妨恳切些，态度要真诚自然，让他感觉到你确实是器重他。这就可以在一种"软"性气氛中真正感动下属。

领导者只需通过这些中间人的传播作用稳定大局，而不需直接出面。由有影响的下属把领导者的意思传达给其他下属，每个下属都会反应过来："原来上司也不是冷酷无情的。"他们也许会想到，只要好好干，上司还是会欣赏的，升职加薪的机会就一定还会有。

可见，领导者的"硬话"发威是强硬的一手，镇住了局面，再通过"软话"把意图缓缓地传递下来，浸润到各个下属的心中。

善于发威的领导者应该深知，"威"虽然是对众人而发，但对个别人而言，应该有不同的做法。"软"和"硬"是相对而言的，不可千篇一律。

这里要注意"过犹不及"，有的人用高压的办法是根本无法解决的。好胜心特别强的下属对此极为敏感，这时就需要"软"话那一套。他们一旦体会到领导的恩惠，就会以"士为知己者死"的态度来回报你。这种情况也是在发威，只不过这里是施威于无形之中罢了。

有威慑力的领导者通常决断力强，办事爽快果断，常常是一字千金，以此可以使下属折服，部下也会因为佩服他而自觉地向他靠拢，全心全意地接受他的领导。

刚柔相济至少有两大好处：一以刚制胜，二以柔克刚。善管人者常用此收到良好的效果。

调节自我，以最佳的姿态处世

现实社会不是生活的真空，无时无刻不充满着权力的较量，利益的纷争，性格差异的摩擦，你即使一点不去争，也有人与你争。甚至还有那么一种得寸进尺，想骑在别人脖子上的人，你退一尺，他就进一丈，你给他吞一个指头，他就要吞到你的手肘。在这样的环境中，一个人若想成就一番事业，花费的代价无疑是巨大的。良好的人际关系，融洽的环境氛围有助于一个人脱颖而出，发挥自己的聪明才智，实现自己的人生价值。对此，不同的人采取了不同的方法和策略：一种是讨好，一种是协调。

协调是着眼于自我调整，主观适应客观，个人适应集体，不断地使自己与周边的环境保持一种动态平衡。而讨好与协调不是一般方式方法上的区别，首先是它的着力点错位，不是强调主观，调整自我来适应客观，而是迁就和迎合他人的需要，来换取别人对自己的宽容或姑息。

讨好者的目的与动机并不是对称的，它不是通过调节个人与群体的关系，而是为了谋求狭隘的个人利益和需求，去讨好那些与自身利益有关的人，特别是那些有权有势的人。人都有一个弱点，喜欢听恭维话。对人说一些赞誉之辞，如果能言者由衷，恰如其分，适合其人，相当有分寸，而不流于谄媚，将是一种得人欢心的处世方法，听者自然十分高兴，这未免不是好事。如果不问对象，夸大其词，竭尽阿谀奉承之能事，不仅效果不佳，有时还会被别人称为马屁精，落个坏名声，而且，花费的代价大，成本高。因为他不能做到同时去讨好所有的人，为了不得罪人，他必须不断地讨好，这不仅加大了成本，而且活得很累；更主要的是毁了自己的前程。

习惯于讨好的人，是不讲究做人原则的，当面一套背后一套，在人前讲人话，在人后讲胡话，为个人私利所左右，为讨好他人而失去自己的竞争力。大凡有正义感的人，对两面三刀的家伙是非常反感的。

我们说要善于协调，并不是要不得罪任何一方。也不是要人当面一套、背后一套，当着张三说李四，碰到李四又说张三。其实，这种人是可鄙的。但一个人如果能在坚持大原则的情况下适当对一些无关大局的事做一点让步也是可以的，如果你能做到大家都喜欢你，那么在你的世界就是以你为中心的，你并没失去什么，却会有意想不到的收获。而且，你生活的环境气氛融洽，自己心中也快乐得多。

善于协调的人，一般人际关系都是十分融洽。在生活中也常常看到这样一种人，他既不拉帮结派，又不是独来独往，他是介于二者之间，既与这派有联系，又与另一派有瓜葛，你很难将他划为哪一派，而且，很奇怪的是，这种人往往能同时为两派接受。所以，办起事来才能左右逢源，得心应手，提高效率。因此，要谋求生存和成功，营造良好的人际氛围，讨好不是良策，协调才是好办法。

得意也别直露出来

"满意"和"得意"这两个词都表示人们对外事外物一种愉悦的肯定态度，但是两者有程度上的区别，如同一杯水，只要还是在杯子里，多满都可以，一旦流出来，结果就不同了。得意多少常有点贬义色彩，含有讥讽之意。人们常说某某春风得意，自鸣得意，洋洋得意，得意忘形，皆属此类。

可是在现实中还真有些人分不清该是满意还是得意。电视剧《过把瘾》中有一个意大利人，娶了一个漂亮的中国姑娘做太太。席间，他对客人说

"我很得意"，站在一旁的新娘子连忙纠正道："是满意。"这位老外不得不为自己打圆场说道："你们中国话非常难，弄不好就是不满意了。"像这位老外犯这样的低级错误，我们并不在意，老外毕竟是老外嘛。可有时我们自己竟然也搞不清到底是满意还是得意。

例如，在某次联谊会上，有位大学中文系教授走到一位浑身上下都是名牌的男士面前，很有礼貌地问道："先生台甫？"男士不解其意，看着教授发愣。教授只好改口："大号？"对方回答："鄙人在某某公司。"教授又进一步追问："先生怎么称呼？"这位男士回答："我是经理。"这位男士也许对自己的官阶满意，连自己姓啥名谁竟然忘记了。

人们为什么会得意呢？也许是比别人在人生境遇中顺一些，也许他得到了满足，或者取得一些小小的成功，然而，最为根本的是他的浅薄。因为自己的浅薄竟以为自己通晓了一切，无所不能。曾经有一位俄国青年，会写了几首诗，竟忘乎所以地把大诗人普希金也不放在眼里了。居然当众问普希金："我和太阳有什么共同之处呢？"普希金轻蔑地回答道："无论是看你还是看太阳，都不得不皱眉头。"

浅薄的人受不得赞许，哪怕是一点点，也会自鸣得意自我膨胀起来。有一位画家画好了一张画后，拿到邻居家去征询意见，这位邻居是位鞋匠，看了看画后，指出画上的靴子少了一个纽扣。画家很感激，马上改正了自己这一疏忽。不料，鞋匠却得意起来，郑重其事地对整个画指指点点，横加指责，弄得这位画家哭笑不得。

得意和尊卑贵贱并没有关系，但在浅薄的人看来，只要我比你有那么一点所谓的尊贵，那也能成为我得意的资本。

有这样一则故事，说的是在一个破旧的街区，住着三个女人，经常在一起聊天。一个女人说："我的丈夫真棒，是火车司机。"另外一个女人赶紧说道："火车司机算什么，我男人是列车长，专管你男人。"第三个女人不甘示弱，得意地说道："我男人扳道叉的，让火车朝哪条道上开，就得朝哪条道上开。"一列火车成全了三位女人的虚荣心，使她们在这廉价的得意中快活着。

人一得意，就感觉自己站在了人生的高处，不知道天高地厚了，这是狂妄的表现。其实，真正这个高处就在你的脚下。在老北京城的一条街上住着三个裁缝。甲裁缝在自己的橱窗上挂出一块招牌，上面写道：全北京最好的裁缝。乙裁缝看到了立刻也打出一块招牌，写的内容是"中国最好的裁缝"。丙裁缝看了两个人的招牌，仔细想了一下，也打出一块招牌，上面写道：此街最好的裁缝。

古人云："傲不可长，欲不可纵，志不可满，乐不可极顶点。"盈则亏，满则招损，春风得意之时，不要留下得意忘形之态。

直性子要学会看得开

现实生活中有许多人往往因一些人生道路上的重大挫折，如升学失败、就业无着、恋爱危机而不敢面对和承受，要么出家，伴着暮鼓晨钟、青灯佛影来度此一生；要么自杀，走上轻生之路。他们自以为看开了一切，人生不值得眷恋，还是一了百了为好。其实这不是看开，而是看破了，事实上还是没有看开。

自杀者往往执着于一个意念——想不开、看不开，视人间一切都成为灰色，无一人值得留恋，也无一人留恋自己。他们以为，人活着与死掉其实并无差别，又何必承受痛苦呢？许多自杀者以为自己是严肃的，但是真正严肃地面对生命的人又怎能走上结束生命的道路？这还是没想开、没看开。

　　想不开、看不开的意念，就像眼前有一片小小的树叶，遮住了所有的阳光。这样的黑暗是自己造成的。人应该知道的是：为何而生，为何而死；人应该决定的是：如何生存下去。如果到了必须决定如何而死时，则不能不作重于泰山与轻于鸿毛的考虑。所以不要萌发出家或轻生的念头，因为这意味着投降，是彻底的失败，完全没有翻本的机会。移开眼睛前面的屏障，看阳光普照大地。给自己一点时间，因为时间是最好的药剂，能够治愈任何创伤。

　　轻生是看破红尘的表现，贪生怕死同样是看不开的表现。有许多人太眷恋人生，认为自己功未成名未就，人世间的荣华富贵没有享尽，一死了之，太可惜了。这样的人仍然是没有看开。

　　真正看开的人，生死祸福等闲视之。有道是万物皆有生有死，这是生命的自然规律。一个人的生是遵循着自然界运动法则而产生的，而一个人的死亡也是生命历程的自然终极，它是世界万物转化的结果。生好像是浮游在天地之间一样，死则恰休息于宇宙怀抱之中，这一切实际上是不应该有什么大惊小怪的，生也罢，死也罢，都是非常正常的。生有何欢，死又何惧，生死并没有什么可怕的。

　　庄子生命垂危时，他的弟子们商量准备如何为他进行厚葬。庄子知道了以后，幽默地对他的弟子们说："我死了以后，就把蓝天当作自己的棺椁，把光辉的太阳和皎洁的月亮当作自己的殉葬品，把天上的星星当作珍贵的珍珠。把天下万物当作自己的殉葬品，这些还不够吗？何必还要搞什么厚葬呢？"他的弟子们哭笑不得，解释说："老师呀，即使是那样的话，我们还是担心乌鸦把您给吃了呀！"庄子说："扔在野地里你们怕乌鸦老鹰吃了我，那埋在地下就不怕蚂蚁吃了我吗？你们把我从乌鸦老鹰嘴里抢走送给蚂蚁，为什么那么偏心眼呢？"

　　如果能这般把生看得开，把死悟得透，也就不会为生命的即将终竭而哭泣，相反还会活出生命的本真。"生死有命，富贵在天。"生命诚然是宝贵的，然而它又是短暂的，死而不能复生，因此活着就应当顺应自然，面对现实，笑对生活。笑对生活是乐生重生，遵循生命的规律，追求高目标，却又看得透、想得开，活得既有意思、有价值，又比较轻松愉快。

真正看开的人都不太执着于权势的追逐、金钱的获得、名利的获取，而是返璞归真顺应自然，保持人原有的那种质朴、纯真的自然之性。是那种看庭前花开花落，望天边云卷云舒，宠辱不惊，物我两忘的恬适、超然的心态。

人虽在客观世界面前不能随心所欲，但也不是无所作为的。古人常说顺境十之一二，逆境则十之八九。逆境对任何人都是难免的，关键是如何对待的态度。提倡看开而不看破，就是不要斤斤计较于一时一事的成败和得失，更不要刻意去追求名和利，而是要反思过去，立足现实，规划未来，以便自己站在更高的起点上，拥有一个更开阔的视野。与看开不同，看破是一种消极的处世态度，对自己丧失信心，对人生无求无望，清欲寡欢，看破红尘，遁入空门。这样的人在自己的人生轨迹上是不会留下什么痕迹的。因此，唯有看开人生中的坎坷与顺逆，方能窥见人生中的哲理与玄奥。

处世三绝：打圆场，下台阶，留面子

谁都不愿把自己的错处或隐私在公众面前曝光，一旦被人曝光，就会感到难堪或恼怒，这是人之常情。在社交场合，每个人都格外注意自己社交形象的塑造，都会比平时表现出更为强烈的自尊心和虚荣心。在这种心态的支配下，常常会因一个人使他下不了台而产生比平时更为强烈的反感，甚至结下终生的怨恨。要是别人出怪露丑了，就主动打打圆场；有人陷入窘境，就主动解围，给他找个台阶让他下得了台。

与人产生不快时，更少不了和和"稀泥"，让对方少丢些面子，保持体面，从而把事情摆平，甚至变坏事为好事。只有懂得"打圆场，下台阶，留面子"，你才能成为受欢迎的人。同样，也会因你为他提供了台阶，使他保住了面子、维护了自尊心，而对你更为感激，产生更强烈的好感。这些对于今后的交往，必定会产生深远的影响。

"打圆场，下台阶，留面子"的作用往往有两种。一是要尽量保守秘密，掩盖其丑处；二是要在丑事曝光后，使其产生的不良后果变得小一些。因此，在交际中，如果不是为了某种特殊需要，一般应尽量避免触及对方所避讳的敏感区，避免使对方当众出丑下不了台。俗话说家丑不可外扬，自己的难言之隐谁也不想示人，以免落下笑柄。所以"打圆场，下台阶，留面子"就成了为人处世的必修课。

在社交中，有些人或出于习惯爱撒些小谎，或不想丢面子没说真话，甚至出于难言之隐不能讲真话。一般说来，我们都应该睁一只眼闭一只眼，不要当面拆穿。还有就是在社会交往过程中，谁都可能不小心弄出点小失误，比如念了错别字，讲了外行话，记错了对方的姓名职务，礼节有些失当，等等。

出现这类情况时，只要是无关大局，就不必对此大肆张扬，故意搞得人人皆知，使本来已被忽视了的小过失，一下变得显眼起来。更不应抱着讥讽的态度，以为"这回可抓住笑柄啦"，来个小题大做，拿人家的失误在众人面前取乐，这样做不利于你自己的社交形象，容易使别人觉得你为人刻薄，在今后的交往中对你敬而远之，产生戒心。

小的地方马虎一点，愿意给人台阶，让对方能下来台，不单单是个礼节问题，更重要的是个人的修养与容人的气度。凡事总爱冒坏水，见别人陷入尴尬便幸灾乐祸，就不可能在社会上立足。

　　莫因丑小而不遑，贴金扑粉人人乐为；可令人不齿之事，相信没有人愿意让人传扬。别人出丑时，更不可幸灾乐祸之心溢于言表，否则会结下仇家，并为众人所不齿。如能主动为别人打圆场、下台阶、留面子，就能顺水推舟地落下人情。有必要的时候，也可以委婉地暗示对方已知道他的错处或隐私，以给他造成一种压力。但这只能视情况而定，不可过分，点到为止，否则会弄巧成拙。

性子再直，
也要学会说话

　　很多直性子的人就是亏在不会说话上。他们认为，直来直去地说话就行了，但他们不知道的是，说话是有技巧的，沟通也是有艺术的。良好的沟通方式可以帮你改善人际关系，也可以帮你成就事业。所以，直性子的人一定要管好自己的嘴巴，要知道自己该说什么、不该说什么。

说话直率有好有坏

　　说话直率的人往往不懂得掩饰自己的情绪，也不管时间场合，对象是否适当，更不理会讲话的后果，心里有啥就说啥，想说啥就说啥。而且，说出话来不讲究方式方法，往往是采取最直露的表达方式，甚至不乏尖锐刻薄。这样的人最易得罪他人，往往使对方下不了台，结果自己也最易招人记恨，使自己陷入孤立状态。

　　当你逞一时之快，而不论在什么时候都一吐为快时，想想你锋利的语言之箭是否伤害到自己或他人。

　　某甲是一公司的中级职员，他的心地是公认的好，可是一直升不了职。和他同年龄、同时进公司的同事，不是外调独当一面，就是成了他的顶头上司。另外，别人虽然都称赞他好，但他的朋友并不多，不但下了班没有应酬，在公司里也常独来独往，好像不太受欢迎的样子……

　　其实某甲能力并不差，也有相当好的观察、分析能力，问题是，他说话太直了，总是直言直语，不加修饰，于是直接、间接地影响了他的人际关系。

　　在古时候，也有人因为说话太过直率而丢掉了性命。

　　明朝开国皇帝朱元璋年少时是个放牛娃，交了很多穷朋友。公元1368年他称帝建立明朝后，不忘旧情，总喜欢找昔日的朋友叙叙童年趣事。

一天，朱元璋在皇宫偏殿内接见一位从乡下来的穷朋友。叩拜完毕，这位穷朋友见朱元璋的容貌与小时没有多大变化，加之皇上对自己似乎挺热情，激动之余，便有些忘乎所以。当朱元璋问起"我们有何交情"时，该人直通通地回答："皇上，你不记得我们吃豆的事了？从前你我都替人家放牛。有一天我们在芦花荡里把偷来的豆子放在瓦罐里清煮——还没等煮熟，大家就抢着吃，罐子也打破了，豆子撒了一地，汤也都泼在泥地上。你只顾满地抓豆子吃，不小心连红草叶子也送进嘴里，叶子哽在喉咙里，噎得你直流眼泪。还是我出的主意，叫你吞青菜叶子，才把红草叶子带下肚去……"还没等他说完，朱元璋早就不耐烦了，大怒道："什么放牛、吃豆，全是一派胡言，分明是想攀结官家。来人，将此人推出去斩了！"

俗话说："一句话说得人跳，一句话说得人笑。"为什么有的人讲一句话能让人"跳"？就是因为他说话直白生硬给别人带来不良刺激，给自己也带来或大或小的麻烦，就像这个故事里的"穷朋友"，原本有望谋得一官半职的"穷朋友"，却稀里糊涂地送了命。其实这个故事给人的启示，与其说是朱元璋薄情寡义、翻脸不认人，还不如说不会说话的人必定不受欢迎。由此可见，话说得太直率，不顾及他人的脸面，让别人感到非常难堪，必然引火烧身。

"穷朋友揭皇上短被杀"这件事，让朱元璋的另外一个穷朋友知道了，他想，"这个老兄也太莽撞了，我去拜见他，定能大富大贵。"于是，他也来到京城看望他小时候的朋友——当今的皇上。

见过皇帝后，这个人便说："皇上还记得吗？当年微臣随着您的大驾，骑着青牛扫荡泸州府，打破了罐州城，汤元帅在逃，你却捉住了豆将军，红孩儿挡在了咽喉之地，多亏菜将军击退了他。那次出兵我们大获全胜啊！"朱元璋认出了眼前之人是孩提时的朋友，听他把自己当年的丑事说得含蓄而又动听，顿觉脸上有光，不禁大笑。又想起当年大家饥寒交迫有难同当的情景，心情一激动，就把来人留在了自己的身边——加封他御林军总管之职。

很明显，后来的"穷朋友"对懂得避讳直言，更懂得"借题发挥"。你看，他将一件无趣甚至低俗的事说得多么妙趣横生、引人入胜：芦花荡变成了"泸州府"，瓦罐成了"罐州城"，煮豆的汤汁成了"汤元帅"，豆子成了"豆将军"，红草叶子成了"红孩儿"，青菜叶子成了"菜将军"。立刻使当年饥寒交迫、乞丐般的苦难岁月，竟变成了"金戈铁马、攻城略地"的"光辉记忆"。脸上被贴足了"金"的朱元璋，怎能不"龙颜大悦"而对来人大加封赏呢？

现在，人们虽然不必为说话直白而担心人头不保——谁也不会再为说话冒犯某位达官贵人而付出生命的代价。然而，直言易惹祸的箴言还是适用的，人们总要面对各种错综复杂的关系，头头脑脑秉性各异，率性直言的人往往自取其辱、自取其祸。

拒绝别人不可太粗暴

在实际生活、工作中，人们时常会遇到别人向自己提出要求，有的提要求的人是你不喜欢的，有些人又恰恰提出了你难以接受的要求，处于这种尴尬的情况之中，你将如何处理。我认为，遇到以上情况，我们没必要"有求必应"，而必须"拒绝"。

拒绝也是一门艺术，所以我们不但要学会拒绝，而且还要学会掌握这门艺术。因为，在人们生活交往上过于生硬的回绝显得不近人情，婉言谢绝则是显得彬彬有礼且不失面子。总之，从总体上讲，拒绝并没有什么固定的模式或套路，至于如何拒绝才能得到最佳效果，那只能因事、因人、因地、因时而异了。

清代名人郑板桥任潍县县令时，曾查处了一个叫李卿的恶霸。

李卿的父亲李君是刑部天官，听说儿子被捕，急忙赶回潍县为儿子求情。他知道郑板桥正直无私，直妄求情不会见效，于是便以访友的名义来到郑板桥家里。郑板桥知其来意，心里也在想怎样巧拒说情，于是一场舌战巧妙展开了。

李君四处一望，见旁边的几案上放着文房四宝，他眼珠一转有了主意："郑兄，你我题诗绘画以助雅兴如何？"

"好哇。"

李君拿起笔在纸上画出一片尖尖竹笋，上面飞着一只乌鸦。

目睹此景，郑板桥不搭话，挥毫画出一丛细长的兰草，中间还有一只蜜蜂。

李君对郑板桥说："郑兄，我这画可有名堂，这叫'竹笋似枪，乌鸦真敢尖上立？'"

郑板桥微微一笑："李大人，我这也有讲究，这叫'兰叶如剑，黄蜂偏向刃中行'！"

李君碰了一个钉子，换了一个方式，他提笔在纸上写道："燮乃才子。"

郑板桥一看，人家夸自己呢，于是提笔写道："卿本佳人。"

李君一看心中一喜，连忙套近乎："我这'燮'字可是郑兄大名，这个'卿'字……"

"当然是贵公子的宝号啦！"郑板桥回答。

李君以为自己的"软招"奏效了，心里别提有多高兴了，当即直言相托："既然我子是佳人，那么请郑兄手下留……"

"李大人，你怎么'糊涂'了？"郑板桥打断李君的话，"唐代李延寿不是说过吗……'卿本佳人，奈何做贼'呀！"

李天官这才明白郑板桥的婉拒之意，不禁面红过耳，他知道多说无益，只好拱手作别了。

即以其人之道，还治其人之身。

不是不好意思直接说情吗？那就以"托物言志"这种打哑谜式的方式对话——针对李君以势压人的暗示，郑板桥还以颜色，将违法必究的道理借助"一丛细长的兰草和其间的一只蜜蜂"这样的画，以及"兰叶如剑，黄蜂偏向刃中行"这样的话表达出来，对方自然心知肚明；最后，既然古人说过"卿本佳人，奈何做贼"的话，那就不是我郑板桥不接受你李君的说情，而是古人在拒绝你。

19世纪，狄斯雷利一度出任英国首相。当时，有个野心勃勃的军官一再请求狄斯雷利加封他为男爵。狄斯雷利知道此人才能超群，也很想跟他搞好关系，无奈此人不够加封条件，狄斯雷利无法满足他的要求。

一天，狄斯雷利把军官请到办公室里，与他单独谈话："亲爱的朋友，很抱歉我不能给你男爵的封号，但我可以给你一件更好的东西。"说到这里，狄斯雷利压低了声音："我会告诉所有人，我曾多次请你接受男爵的封号，但都被你拒绝了。"

狄斯雷利说话算数，他真的将这个消息散布了出去。众人都称赞军官谦虚无私、淡泊名利，对他的礼遇和尊敬远超过任何一位男爵。军官由衷感激狄斯雷利，后来成了他最忠实的伙伴和军事后盾。

狄斯雷利没有给对方一个冷冰冰的回答——"不"，更没有讥笑和嘲讽对方，他传递给对方的是"友情"：让对方明白，自己的要求虽未被满足，但长远利益（声誉）得到了首相的维护——这是比升职更好的东西。狄斯雷利善于使用特别的"语言武器"，他在拒绝对方不当要求的同时，给足对方面子，这就是狄斯雷利的巧言说"不"的高明之处。

20世纪30、40年代的美国总统富兰克林·罗斯福在就任总统之前，曾在海军担任部长助理的要职。有一次，他的好友向他打听美国海军在加勒比海某岛建潜艇基地的计划。

当时，这是不能公开的军事秘密。面对好友的提问，罗斯福怎么拒绝才好呢？罗斯福想了想，故意靠近好友，神秘地向四周看了看，压低嗓门问道："你能对不宜外传的事情保密吗？"

好友以为罗斯福准备"泄密"了，马上点点头保证说："当然能。"

罗斯福坐正了身子笑道："我也一样！"

好友这才发现自己上了罗斯福的"当"，但他随即明白了罗斯福的意思，开怀大笑起来，不再打听了。

罗斯福能忠于自己的职责，严守国家的机密——因为他知道，人都有一个共性，好打听隐秘的事情，打听到了之后，又不可能守口如瓶，总是想方设法去告诉别人，以显示自己的能耐。罗斯福深谙其中之奥妙，所以，他对任何人都"保密"。罗斯福采用的是委婉含蓄的拒绝，其语言具有轻松幽默的情趣，表现了罗斯福的高超艺术：在朋友面前既坚持不能泄露的原则立场，又没有使朋友陷入难堪，取得了极好的语言交际效果。

拒绝是一门学问，应该体现出个人品德和修养，使别人在你的拒绝中，一样能感觉到你是真诚的、善意的、可信的。在拒绝的过程中，如果还想和对方保持的良好关系，就要采取换位的思想、同情的语调来处理。

有时用旁敲侧击的效果更好

旁敲侧击也就是借题发挥，就是借谈论某个问题来表达自己真正的意思。在交际中，当需要批评或提醒某人时，而又不便直接提出时，便可考虑旁敲侧击法。提出一些看似与正题无关的话题，让听者自己去体味、理解其中的真意，以此来达到启示、提醒、劝阻，或教育他人的目的。

如果你在办事儿时，能够找到一位有门路、伶牙俐齿的人才，让他尽其所能，从中撮合，传递信息，论理说情，真是再好不过了。

战国齐威王执政时，淳于髡是齐国的一位大夫，虽然他相貌平常，身材也一般，却是位常识渊博、能言善辩，且又机智过人的人。因此齐王非常器重他，并且把他招为女婿。

孟尝君是齐国的名门贵族，几度出任相职，是政界的实力派。但有一次他与齐闵王意见不合，一气之下辞去相职，回到了私人领地叫薛的地方。

这时与薛接邻的南方大国楚国正待举兵攻薛。与楚相比，薛不过是弹丸之地，兵力粮草等均不能相比，楚兵一旦到来，薛地后果不堪设想。

燃眉之急，唯有求救于齐。但孟尝君刚刚与闵王闹了意见，没有面子去求。去了也怕闵王不答应。为此他伤透了脑筋，几乎一筹莫展。绝路之中老天给他降下了一线希望，齐国大夫淳于髡来薛地拜访。他是奉闵王之命去楚国交涉国事，归途顺便来看望孟尝君的。孟尝君抚额称庆，可谓天助我也。他早已想好了主意，亲自到城外迎接，并以盛宴款待。

淳于髡不仅个人资质好，善随机应变，常为诸侯效力，与王室也有密切的关系。威、宣、闵三代齐王都很器重他。闵王时代成了王室的政治顾问，且与孟尝君本人也有私交。

孟尝君决心已下，开口直言相求："我将遭楚国攻击，危在旦夕，请君助我。"

淳于髡也很干脆："承蒙不弃，从命就是。"后人猜测，淳于髡此行，可能是有目的而来，为朋友解危的，只不过这话须孟尝君亲自当面求就是了。朋友之交，有许多心照不宣的东西，古亦如此。

却说淳于髡赶回齐国，进宫晋见闵王。正面的话当然是要相告出国履行公务的结果，他真正要办事情也早已盘算在心。

闵王问道："楚国的情况如何？"

闵王的话题正投淳于髡的所好，顺着这个话题，淳于髡要开始展开攻心术，履行对朋友的承诺了。

"事情很糟。楚国太顽固，自恃强大，满脑子想以强凌弱；而薛呢，也不自量……"话题意识性地流动，谈到薛，但不露痕迹。闵王一听，马上就问："薛又怎么样？"淳于髡眼见闵王入了圈套，便捉住机会说："薛对自己的力量缺乏分析，没有远虑，建筑了一座祭拜祖先的寺庙，规模宏大，却不问自己是否有保卫它的能力。目前楚王出兵攻击这一寺庙，唉，真不知后果怎样！所以我说薛不自量，楚也太顽固。"

齐王表情大变："喔，原来薛有那么大的寺庙？"随即下令派兵救薛。

守护先祖之寺庙，是国君最大义务之一。为了保护祖先寺庙就必须出兵救薛，薛的危机就是齐的危机，在这种危机面前，闵王就完全不再计较与孟尝君的个人恩怨了。整个过程，淳于髡没有提到一句请闵王发兵救孟尝君，而是抓住闵王最关心的问题——也就是最大的弱点，旁敲侧击，点到痛处，令闵王自己主动发兵救薛，实际上是救了孟尝君。

齐威王即位后，整天只知道沉湎于酒色之中，好几年不理国事。左右大臣都不敢劝谏。于是淳于髡决定去试一试。

一天，淳于髡去见威王，说有一个谜语要他猜。威王最喜欢猜谜语了，便催淳于髡快说。淳于髡于是说，"有只大鸟，停在王宫的庭院里已经三年了，既不飞也不叫。请大王猜猜这只鸟是怎么一回事？"

威王回答说："这只鸟不飞则已，一飞冲天；不鸣则已，一鸣惊人。"

从这以后，威王开始内治国政，外收失地，称霸天下。

齐威王八年，楚国发兵攻打齐国。威王派淳于髡出使赵国求救，叫他带一百斤金、十驾马车去送给赵王。淳于髡忍不住仰天大笑，连系帽子的带子都笑断了。

威王问他是不是嫌带去的礼物太少，淳于髡说："岂敢，岂敢。我只是想到一件好笑的事情罢了。"

威王一听是好笑的事情，连忙叫淳于髡讲给他听。淳于髡于是说："今天我从东边来时，看见路旁有个种田人在祈祷。他拿着一个猪蹄子、一杯酒祷告上天保佑他五谷丰登，米粮堆积满仓。我见他拿的祭品很少，而所祈求的东西却太多，所以笑起来了。"

齐威王当然听懂了他的意思，便把去赵国的礼物增加到一千镒金、十对白璧、一百驾马车。

淳于髡到赵国献上礼物，陈说利害关系. 赵王发出精兵十万支援齐国。楚王听说后连夜退兵回国了。

齐威王非常高兴，在宫内设酒宴为淳于髡庆功。威王问淳于髡要喝多少酒才会醉，淳于髡回答说喝一斗酒也会醉，喝十斗酒也会醉。威王觉得他真有意思，既然喝一斗就会醉了，怎么还能喝十斗呢？因此要他讲一讲这其中的道理。

淳于髡于是便说起了他的酒经："如果大王当面赏酒给我喝，执法官站在一旁，御史官站在背后，我战战兢兢，低头伏地而喝，喝下了一斗就会醉了。如果父母有贵客来我家，我恭谨地陪酒敬客，应酬举杯，喝不到两斗也会醉了。如果有朋自远方来，相见倾吐衷肠，畅叙友谊，那就要喝上个五六斗才会醉了。如果是乡里之间的宴会，有男有女，随便杂坐，三两为伴。猜拳行令，男女握手也不受罚，互相注目也不禁止，自由自在，开怀畅饮。

这样，我就是喝到八斗也只会有二三分醉意。如果到了晚上，宴会差不多了，大家撤了桌子促膝而坐，男女都同坐在一个座席上，靴鞋错杂，杯盘狼藉。等到堂上的蜡烛烧尽了，主人送走客人而单单留下我，解开罗衫衣襟，微微能闻到香汗的气息。这时，我欢乐之极，忘乎所以，要喝到十斗才会醉。所以说，酒喝过头了就会乱来，欢乐过头了就会生悲，世上的事情都是这样的啊！"

齐威王听了他这一段精彩的酒经，沉思了好一会儿，然后说："讲得好啊！"从此以后，齐威王戒掉了通宵达旦饮酒的坏习惯。

旁敲侧击其实是一种迂回，可它既重迂回策略，更重隐含之术，较之迂回更主动，更微妙。

在许多场合，有一些话不好直说不能直说也无法明说，于是，旁敲侧击绕道迂回，就成为人们所采用的方法。它的妙处在于既不失礼节，又伤不到对方的面子，并且还给自己留下了回旋的余地。

让对方无法拒绝你

一个人如果想让对方附和他的思想，的确是不是一件容易的事。聪明的说服者在说话的开头，就设法使对方无法说"不"，而是不断地说"是"——这就证明他已经抓住对方的心理，使对方的思维跟着他的舌头移动了！

在生活中需要说服的对象有很多，他可能是你的父母、你的上司、你的顾客、你的朋友、你应聘的主考官……在生活中，随时可能遇到要说服别人的情况，如果不掌握技巧，说服就难以达到理想效果。

伽利略年轻时就立下雄心壮志，要在科学研究方面有所成就，他希望得到父亲的支持和帮助。可是父亲却非常反对他研究科学，而希望他能成为一名优秀的外科医生。因此，伽利略总想找个机会说服父亲。

一天，伽利略又跟父亲聊到了这个话题。他对父亲说："父亲，我想问您一件事，是什么促成了您同母亲的婚事？"

"我看上她了。"父亲微笑着说。

伽利略又问："那您有没有娶过别的女人？"

"当然没有，孩子。家里的人要我娶一位富有的女士，可我只钟情你的母亲，她从前是一位风姿绰约的姑娘。"

伽利略说："您说得一点也没错，她现在依然风韵犹存，您不曾娶过别的女人，因为您爱的是她。您知道，我现在也面临着同样的处境。除了科学以外，我不可能选择别的职业，因为我喜爱的正是科学。别的对我而言毫无用途，也毫无吸引力。科学是我唯一的需要，我对它的爱有如对一位美貌女子的倾慕。"

父亲说："像倾慕女子那样？你怎么会这样说呢？"

伽利略说："一点不错，亲爱的父亲，我已经18岁了。别的学生，哪怕是最穷的学生，都已想到自己的婚事，可是我从没想过那方面的事。我不曾与人相爱，我想今后也不会。别的人都想寻求一位标致的姑娘作为终身伴侣，而我只愿与科学为伴。"

父亲始终没有说话，只是仔细地听着。

伽利略继续说道："亲爱的父亲，您有才干，但没有力量，而我却能兼而有之。为什么您不能帮助我实现自己的愿望呢？我一定会成为一位杰出的学者，获得教授身份。我能够以此为生，而且比别人生活得更好。"

父亲为难地说："可我没有钱供你上学。"

"父亲，您听我说，很多穷学生都可以领取奖学金，我为什么不可以呢？您在佛罗伦萨有那么多朋友，您和他们的交情都不错，他们一定会尽力帮助您的。也许您能到宫廷去把事办妥，他们只需去问一问公爵的老师奥斯蒂罗·利希就行了，他了解我，知道我的能力……"

父亲被说动了："你说得有理，这是个好主意。"

伽利略抓住父亲的手，激动地说：“我求求您，父亲，求您想个法子，尽力而为。我向您表示感激之情的唯一方式，就是……就是保证成为一个伟大的科学家……”

最后，伽利略说动了父亲，他实现了自己的理想，成了一位闻名遐迩的科学家。

如果正面说服别人有一定难度，不妨暂时远离话题，向对方谈论一件看起来与之毫不相干的事，再诱导对方归纳出其中蕴含的道理，进行以此类推，回到原来所论之事，对方只得依常理而行。

《战国策·赵策》中有一个《触龙说赵太后》的故事，说的就是打比方说事儿的口才。

赵太后刚刚执政，秦国就急忙进攻赵国。赵太后向齐国求救，齐国国右说：“一定要用长安君来做人质，援兵才能派出。”

赵太后不肯答应，大臣们极力劝谏。她公开对左右近臣说：“有谁敢再说让长安君去做人质，我一定吐他一脸口水！”因此，很多人都不敢再去劝谏了。

一天，有人禀报赵太后说左师公触龙要求见太后。赵太后心想他一定也是来劝谏自己的，不由得心生怒火。

触龙做出快步走的姿势，慢慢地挪动着脚步，到了太后面前谢罪说：“老臣很久没来看您了，我私下原谅自己，又总担心太后的贵体有什么不舒适，所以想来看望您。”

太后说：“我全靠坐辇走动。”

触龙问：“您每天的饮食该不会减少吧？”

太后说：“吃点稀粥罢了。”

触龙说：“我近来很不想吃东西，自己却勉强走走，每天走上三四里，就慢慢地稍微增加点食欲，身上也比较舒适了。”

太后说："可我做不到。"太后的怒色稍微消解了些。

触龙话题一转，说道："太后，老臣今天前来，有一事相求，希望太后能够答应我。"

"你有什么事情？"

触龙说："我的小儿子不成材，而我又老了，私下疼爱他，希望能让他递补上黑衣卫士的空额，来保卫皇宫。我冒着死罪禀告太后。"

太后说："可以。年龄多大了？"

触龙说："十五岁了。虽然已经不小了，不过我希望趁我还没入土就托付给您。"

太后说："你们男人也疼爱小儿子吗？"

触龙说："比女人还厉害。"

太后笑着说："女人更厉害。"

触龙回答说："我私下认为，您疼爱燕后就超过了疼爱长安君。"

太后说："您错了！不像疼爱长安君那样厉害。"

触龙说："父母疼爱子女，就得为他们考虑长远些。您送燕后出嫁的时候，摸着她的脚后跟为她哭泣，这是惦念并伤心她嫁到远方，也够可怜的了。她出嫁以后，您也并不是不想念她，可您祭祖时，一定为她祝告说：'千万不要被赶回来啊！'难道这不是为她做长远打算，希望她生育子孙，一代一代地做国君吗？"

太后说："是这样。"

触龙说："从这一辈往上推到三代以前，一直到赵国建立的时候，赵王被封侯的子孙的后继人有还在的吗？"

赵太后说："没有。"

触龙说："不光是赵国，其他诸侯国君的被封侯的子孙，他们的后人还有在的吗？"

赵太后说："我没听说过。"

触龙说："他们当中祸患来得早的就降临到自己头上，祸患来得晚的就降临到子孙头上。难道国君的子孙就一定不好吗？这是因为他们地位高而没有功勋，俸禄丰厚而没有劳绩，占有的珍宝却太多了啊！现在您把长安君的地位提得很高，又封给他肥沃的土地，给他很多珍宝，而不趁现在这个时机让他为国立功，一旦您百年之后，长安君凭什么在赵国站住脚呢？我觉得您为长安君打算得太短了，因此我认为您疼爱他不如疼爱燕后。"

太后说："好吧，任凭您指派他吧。"

最后，触龙讲清了只有令长安君"为国立功"，才能使他"在赵国站住脚"的道理，最终完全说服了赵太后。于是触龙就替长安君准备了一百辆车子，送他到齐国去做人质，齐国的救兵才出动。

在说服别人时，可以采用"由此及彼"的方法去分析事理，可以使被说服者对说服者所持的观点、内容有一个较为深刻细致的了解，并能减轻对方接受新观点的心理压力，进而心悦诚服地接受说服者的观点。

林小姐是某大学外国留学生的汉语教师。她上课时，日本留学生野村大平经常迟到，而且总是穿着拖鞋进教室，只要他一到，劈劈啪啪的响声就在教室里回荡，十多分钟后才能安静下来。

林老师曾几次向野村大平指出这一细节问题，要他改穿正装鞋上课，以免影响老师和同学，野村大平总是油腔滑调地回答："老师，我只有一双拖鞋，要是不让穿，我只好不来上果。"他的话引得留学生们哄堂大笑。

有一次，上课时讲解各国的风土人情，林老师请各国留学生介绍自己国家的文化，有意让野村大平介绍日本国家的"榻榻米"。野村大平来劲了，他跑上讲台连说带比画，告诉大家使用"榻榻米"的规矩。

林老师冷不防插问道："如果有人一定要穿着鞋子踩上'榻榻米'，日本人会怎么看呢？"

野村大平不假思索地回答："那日本人一定会认为这个人脑子有病。"

林老师笑了，接着问道："那么，在中国大学的课堂里，你一定要穿拖鞋来上课，中国人怎么看你呢？"

野村大平愣了半天，恍然大悟道："老师的圈套大大的，我的钻进去了。"第二天他穿了一双崭新的运动鞋走进教室，还故意朝林老师抬了抬脚。

说服的原则一般来讲就是有针对性，针对性关键就是一个"当"字，说服必须针对对方的具体情况、针对对方的具体思路、针对对方的情感、针对恰当的时机，选择最恰当的表达方式，以达到说服的目的。

当在你尝试说服他人的时候，最好先避开对方的忌讳，从对方感兴趣的话题谈起，不要太早暴露自己的意图，让对方一步步地赞同你的想法，当对方跟着你走完一段路程时，便会不自觉地认同你的观点。

学点察言观色的技巧

社会上的每一个人，因为受到民族、地区、宗教、性别、年龄、经历、职业、地位、文化程度等因素的影响，都成为一个独特的个体，所以在谈话时一定要察言观色，妥帖区分谈话的对象，这样谈话才不会出问题。

智者懂得"该文即文，该俗即俗""到什么山上唱什么歌"。根据对象的不同而采取不同的言语方式，所以不会制造对立，产生麻烦；而愚者却往往把这种灵活性说成是见风使舵、两面三刀、曲意奉承，他说话不分对象，心里想什么，就直接道出来。常常是，说者无意，听者有心，不知不觉中就得罪了许多人，给自己无形中制造了很多不必要的麻烦，甚至造成无可挽回的后果。

唐高宗李治要立武则天为皇后，遭到了长孙无忌、褚遂良等一大批元老大臣的反对。一天，李治又要召见他们商量此事，褚遂良说："今日召见我们，必定是为皇后废立之事，皇帝决心既然已经定下，要是反对，必有死罪，我既然受先帝的顾托，辅佐陛下，不拼死一争，还有什么面目见先帝于地下！"

李世同长孙无忌、褚遂良一样，也是顾命大臣，但他看出，此次入宫，凶多吉少，便借口有病躲开了。而褚遂良由于当面争辩，当场便遭到武则天的斥骂。

过了两天，李世单独谒见皇帝。李治问："我要立武则天为皇后，褚遂良坚持认为不行，他是顾命大臣，若是这样极力反对，此事也只好作罢了。"

李世明白，反对皇帝自然是不行的，而公开表示赞成，又怕别的大臣议论，便说了一句滑头的话："这是陛下家中的事，何必再问外人呢！"

李世这句回答很巧妙，既顺从了皇帝的意思，又让其他大臣无懈可击。李治因此而下定了决心，武则天终于当上皇后。后来长孙无忌、褚遂良等人都遭到了迫害，只有李世一直官运亨通。

有时候，可能对你打交道的人不甚了解，但是聪明人往往能通过语言、工作环境，甚至是房中摆放的物品来了解对方的性格，从而打开突破口、投其所好，切入话题，可收到意想不到的效果。

杨先生最喜爱的一件新外套被洗衣店的人熨了一个焦痕，他决定找洗衣店的人赔偿。但麻烦的是那家洗衣店在接活时就声明，洗染时衣物受到损害概不负责。与洗衣店的职员做了几次无结果的交涉后，杨先生决定面见洗衣店的老板。

进了办公室，看到高高在上的老板面无表情地坐在那儿，杨先生心里就没了好气。

"先生，我刚买的衣服被您手下不负责任的员工熨坏了，我来是请示赔偿的，它值1500元。"杨先生大声地说道。

老板看都没看他一眼，冷淡地说："接货单子上已经写着'损坏概不负责'的协定，所以我们没有赔偿的责任。"

出师不利，冷静下来的杨先生开始寻找突破口。他突然看到老板背后的墙上挂着一支网球拍，心中便有了主意。

"先生，您喜欢打网球啊？"杨先生轻声地问道。

"是的，这是我唯一的也是最喜爱的运动了。怎么，你也喜欢吗？"老板一听网球的事，立刻来了兴趣。

"我也很喜欢，只是打得不好。"杨先生故作高兴且一副虚心求教的样子。

洗衣店的老板一听，更高兴了，如碰到知音一样的与他大谈起网球技法与心得来。谈到得意时，老板甚至站起身做了几个动作，而杨先生则大加称赞老板的动作优美。

激情过后。老板又坐了下来。

"哎哟，差点忘了！你那衣服的事……"

"没关系，跟您上了一堂网球课。我已经够了！"

"这怎么行！"

说完，老板把他的秘书叫了进来，吩咐道："王小姐，你给这位先生开张支票吧……"

由此可见，独特的个性、爱好，独特的知识结构使某个人只能是"这样"而不能是"那样"。所以在与不同的人交谈时，我们就要采取不同的谈话方式。

一次，鲁迅先生到厦门的一所平民学校去演讲，他深知这些平民子弟渴望求知，但由于长期受到环境的压制，对是否能学好又存有怀疑和担心的心理。清楚这样心理的鲁迅先生就在演讲中说："你们都是工人、农民的子弟，因为家境贫寒才失学。但是你们穷的是金钱，而不是聪明的才智。即使是贫民子弟也一样是聪明的、有智慧的。没有人的权利能大到让你们永远被奴役，也没有什么人会命中注定做一辈子穷人，只要肯奋斗，就一定会成功，一定有前途。"这几句话赢得了满堂的喝彩，不少人激动得热泪盈眶。

鲁迅的话体现了关注、尊重和期望，这是不是泛泛的，而是专门针对平民子弟的，所以他才能赢得满堂喝彩，才能使很多人激动得热泪盈眶。

在社交中必须要针对不同的人做不同的分析。对性格活泼、个性开朗的人，可以比较随意地开玩笑；对性格内向的人，交谈的时候需要耐心；对于性格耿直的人，可以对他们直言不讳，不会引起反感，反而会引起对方的共鸣；对那些生性多疑、小心眼儿的人，说话要小心谨慎，开口前要再三酝酿，以免得罪对方。

学点提建议的技巧

在企业内部，无论是普通员工，还是中层管理人员，都有向老板"进谏"的时候。当你酝酿好了想法，并且为此花费了大量的时间和精力，最后鼓足勇气提出来之后，往往发现老板并没有听你的。

人在职场，总是受这样那样的约束，在工作中难免会和上级领导发生意见冲突。但是，在有建议的时候一定要提，因为给领导提意见也就是给公司良性发展提意见，对公司发展是一种贡献。但提意见也要注重方式方法，能让领导接受采纳的意见才是好意见。

新来的经理第一次主持会议，他很诚恳地要求大家以后多提"建议"，并且说："如果我有什么不太好的习惯、缺点，或者是对工作有什么好的建议、意见，也欢迎大家告诉我。"

现场鸦雀无声，没人说话。第二次会议，经理再次重复那些话，才到职两个月的小许终于站起来提了一些工作上的建议，经理当场表示"嘉许"。因为有了小许的示范作用，有好几位同事相继发言。

在以后的日子里，小许每遇会议，必不放过提建议的机会，除了工作上的建议之外，也针对经理个人的言行有中肯而且诚恳的建议。

大家都认为，小许不久后一定会"高升"，可是结果却事与愿违。小许被调到一个闲差，从此再也没有机会在开会时提"建议"。

小许也许是个热情直爽而且单纯的人，他的动机正确，但做法却有值得讨论的地方。

人有很多种，有些人心口如一，宽容大量；有些人心口不一，嘴巴说得很漂亮，心里完全不那么想。因此要求大家提"建议"，有的人是真心的，有的人却只是故意作态，因为他要符合大家对老板的"角色期待"，所以他必须塑造"开明形象"，免得手下对他产生排斥。

或许职场也有超大肚量的人吧！不过这种人很少，绝大多数人还是都有一个混着优点与缺点的自我！这自我需要满足，而且不容冒犯，因此有些人可以接受九十九句批评的话，却不能接受冒犯到他自己的一句话，当老板的再怎么开朗，毕竟还是需要一点"架子"的。小许的意见，对老板已造成压力，他又提出和老板个人行为有关的"建议"，老板就算不发火，也不会太愉快，因为他的建议冲撞了老板的"架子"，也冒犯了老板的自我！所以不被调职才怪。

有一位职员小王制定了一套工作方案，曾经跟他的直接领导科长事先商量过，科长表示赞同。现在需要获得的认可，老板是最后的决定者，可是有些保守。

小王有些为难，就去找科长商量。

科长说："如果你要去老板那里，我们一起去。"

科长的行动鼓足了小王的信心，两人立即一起到老板的办公室，向老板说明建议的内容。

老板听过后，问科长："你认为怎样？"

在小王的心目中，科长是位热心人，待人很谦和。他认为，科长一定会积极推荐自己的方案，眼看就要大功告成了。

可是科长说："我看这个方案马马虎虎还可以。"

小王一听，马上就有一种受欺骗的感觉。他想：我们不是都说好了的吗，怎么说是"马马虎虎"呢？

科长接着说："小王对此事很热心，一定要我同他一起来找您。"

小王一听，心里开始"愤慨"了：你这科长，怎么如此不讲信用，明明是你自己愿意来的，怎么是我要你来的呢？

老板看了看科长，再把眼光转向小王说："这件事很重要，就这样干吧！"

后来，小王悟出了科长所说的"马马虎虎""小王太热心了"等话的深刻含义：他要领导自己来做决定，而不是他自己同意这个建议。

有些聪明的职员在向上级进言时，不是直陈自己的观点，因为他们知道，这样容易引起老板的猜疑，尤其是一些气度狭窄的老板更是如此。在发现老板的决定或决策有错误时，他们不直接点破错误、失误之所在，而是用征询意见的方式，向老板详明其决策、意见本身与实际情况不相吻合的根据，使老板在参考他们所提出的众多资料时，自己得出你想要说出的正确结论。

我们在向老板或者领导提出意见时，一定要注意以下几点：要选择好时机。老板时间宽余、心情舒畅时最适宜此类话题。对方能否仔细地听你的解释，有时会是决定你成功和失败的关键。用来说服对方的资料要准备充足。不可自信十足地说："绝无问题。"而应该谦虚地说："还有不少问题，请多加指教。"事先充分估计好老板可能提出的疑问，对解除这些疑问的对策要考虑得成熟。

言多必失，及时补救

我们生而在世，非大圣大贤，凡事无法事事三思而后行，故失言先行者，可算常事也。而失言所起的负面影响，绝不是仅仅说错话而已，更多的是它带来的后遗症所起到的不良影响。

现代社会，失言之例不乏其人，只是人物大小不同，影响不同而已。究其原因，无外是过于紧张的情况下，容易导致语言逻辑混乱，形成失言；对话中只注意单向思考，也容易失言；凭感觉去说话也常常是造成失言。

作为空姐，朱丽叶常常接受严格的语言训练。尽管这样，她有时还是不免失言。

一次在航线上，朱丽叶和往常一样本着顾客至上的服务精神，热情地询问一对年轻的外籍夫妇，是否需要为他们的幼儿预备点早餐。那位男顾客出人意料地用中国话答道："不用了，孩子吃的是人奶。"

没有仔细听这位先生的后半句话，为进一步表示诚意，朱丽叶毫不犹豫地说："那么，如果您孩子需要用餐，请随时通知我好了。"

他先是一愣，随即大笑起来，说道："这就不需要麻烦您了！"。朱丽叶这才如梦初醒，羞红了脸，为自己的失言窘得不知如何是好。

"人有失足，马有失蹄"，在人们的交际过程中，无论凡人名人，都免不了发生言语失误，虽然其中原因有别，但它造成的后果却是相似的，或贻笑大方，或纠纷四起，有时甚至不可收拾。那么，能不能采取一定的补救措施或者矫正之术，去避免言语失误带来的难堪局面呢？回答是肯定的。

历史上和现实中许多能说会道的名人，在失言时仍死守自己的城堡，因而惨败的情形不乏其例。

1976年10月6日，在美国福特总统和卡特共同参加的为总统选举而举办的第二次辩论会上，福特对《纽约时报》记者马克思·佛朗肯关于波兰问题的质问，作了"波兰并未受苏联控制"的回答，并说"苏联强权控制东欧的事实并不存在"。这一发言在辩论会上属明显的失误，当时遭到记者立即反驳。但反驳之初佛朗肯的语气还比较委婉，试图给福特以改正的机会。他说："问这一件事我觉得不好意思，但是您的意思难道是在肯定苏联没有把东欧化为其附属国？也就是说，苏联没有凭军事力量压制东欧各国？"

福特如果当时明智，就应该承认自己失言并偃旗息鼓，然而他觉得身为一国总统，面对着全国的电视观众认输，绝非善策。结果付出了沉重的代价，刊登这次电视辩论会的所有专栏都纷纷对福特的失策做了报道，他们惊问："他是真正的傻瓜呢？还是像只驴子一样的顽固不化？"卡特也乘机把这个问题再三提出，闹得天翻地覆。

而相比之下，里根的表现就显得很有"心机"。

一次，美国总统里根访问巴西，由于旅途疲乏，年岁又大，在欢迎宴会上，他脱口说道："女士们，先生们！今天，我为能访问玻利维亚而感到非常高兴。"

有人低声提醒他说漏了嘴，里根忙改口道："很抱歉，我们不久前访问过玻利维亚。"

尽管他并未去玻利维亚。当那些不明就里的人还来不及反应时，他的口误已经淹没在后来滔滔的大论之中了，这种将说错的地点、时间加以掩饰的方法，在一定程度上避免了当面丢丑，不失为补救的有效手段。只是，这里需要的是发现及时、改口巧妙的语言技巧，否则要想化解难堪也是困难的。

聪明的人在被对方击中要害时绝不强词夺理，他们或点头微笑，或轻轻鼓掌。如此一来，别人就弄不清他葫芦里卖的什么药。有的从某方面理解，认为这是他们服从真理的良好风范；有的从另一方面理解，认为这是他们不畏辩解的豁达胸怀。而究竟他们认输与否尚是个未知的谜。

人在生活当中，总有说话不当或做事不当的时候，发生这些事的时候，最重要的就是镇定自若、处变不惊，积极寻找措施来补救。这是一种最为明智的做法。

记忆别太好，要学会"忘事"

"小雨，对不起，我说过一定要赚100万块钱才回来见你，但是我没有……"一对久别的恋人重逢，男的对女的这么说。

"是吗？我怎么不记得了。"女的回答。

"我不应该指责你贪财，是我不对。"男的继续忏悔。

"你有这样的指责吗？我怎么不记得了。"女的回答。

男的一定是有过这样的誓言与指责，但女的已经"不记得"了。无论他们之间的感情是否还在，"不记得"都是一种最好的回答。在"不记得"的基础上，可以重新开始，也可以就此结束。在荷尔蒙的刺激下，哪对恋人之间没有兑不了现的诺言？哪对恋人之间没有磕碰与口角？

世界上最恐怖的莫过于这样一种人，只要他一打开话匣子，就唠唠叨叨没个完，张家长李家短，多少年前的陈芝麻烂谷子，像本账簿，记得一笔不漏。有时我挺纳闷的，人的大脑到底有多大的空间？能贮藏多少记忆？七八十岁的老人，孩童时的事情仍记忆犹新。电脑还得点击检索，人脑则张嘴就来，仿佛几十年前的事情就含在嘴里，随时可以准确无误地倾吐。其实也不尽然，同是一个人，有些事情又转瞬即忘，甚至几天前说的话，做的事，竟然忘得一干二净。那么，我们记住什么？忘记什么？

我们以人世间最普遍存在的恩仇来说吧，有人记恩不记仇，也有人记仇不记恩。一个人，只要看看他一生中记住些什么，忘记些什么，就能大体上观察出他的心胸、气度和人品。记恩不记仇的人，一般都豁达大度，为人磊落，感恩而不计前嫌；记仇不记恩的人，一般都胸怀狭隘，心境阴暗。

健忘是一种糊涂。但健忘的人生未尝不是一种幸福。因为人生并不像期望的那么充满诗情画意，那么快乐自在。人生中有许多苦痛和悲哀、令人厌恶和心碎的东西，如果把这些东西都储存在记忆之中的话，人生必定越来越沉重，越来越悲观。实际上的情景也正是这样。当一个人回忆往事的时候就会发现，在人的一生中，美好快乐的体验往往只是瞬间，占据很小的一部分，而大部分时间则伴随着失望、忧郁和不满足。

人生既然如此，健忘一点、糊涂一些有什么不好呢？它能够使我们忘掉幽怨，忘掉伤心事，减轻我们的心理重负，净化我们的思想意识；可以把我们从记忆的苦海中解脱出来，忘记我们的罪孽和悔恨，利利索索地做人和享受生活。

过去了的，就让它过去吧。记忆就像一本独特的书，内容越翻越多，而且描叙越来越清晰，越读就会越沉迷。有很多人为记忆而活着，他们执着于过去，不肯放下。还有一些人却生性健忘，过去的失去与悲伤对他们来说都是过眼烟云，他们不计较过去，不眷恋历史，不归还旧账，活在当下，展望未来。

当然，人不能全部将过去忘记。别人对你的好，你要记得。我们该忘记的，一是过去的仇恨。一个人如果在头脑中种下仇恨的种子，梦里都会想着怎么报仇，他的一生可能都不会得到安宁。二要忘记过去的忧愁。多愁善感的人，他的心情长期处于压抑之中而得不到释放。愁伤心，忧伤肺，忧愁的结果必然多疾病。

《红楼梦》里的林黛玉不就是如此吗？在我们生活中，忧愁并不能解决任何问题。三要忘记过去的悲伤。生离死别，的确让人伤心。黑发人送白发人，固然伤心；白发人送黑发人，更叫人肝肠欲断。一个人如果长时间的沉浸在悲伤之中，对于身体健康是有很大影响的。与忧愁一样，悲伤也不能解决任何问题，只是给自己、给他人徒添烦恼。逝者长已矣，存者且偷生。理智的做法是应当学会忘记悲伤，尽快走出悲伤，为了他人，也为了自己。

"人生不满百，常怀千岁忧"，有何快乐可言？在生活中选择性"健忘"的人，才活得潇洒自如。当然，在生活中真的健忘，丢三落四，绝非乐事。我们说学会"健忘"，是说该忘记时不妨"忘记"一下，该糊涂时不妨"糊涂"一下。

"难得糊涂"是一剂处惑之良药，直切人生命脉。按方服药，即可贯通人生境界。所谓一通则百通，不但除去了心中的滞障，还可临风吟唱、拈花微笑、衣袂飘香。

糊涂是明白的升华，是看透不说透的涵养，是超脱物外、不累尘世的气度，是行云流水、悠然自得的潇洒，是整体把握、抓大放小的运筹，是甘居下风、谦让阔达的胸怀，是百忍成金、化险为夷的韬略。

看破不点破，还是好朋友

真正聪明的人，言行举止往往不会引人注目，相反，他们往往行事低调，非常擅长装糊涂，以此来躲避一些不必要的麻烦。有些事，他们只是假装不知道，假装没看透，其实别人玩的那些弯弯绕绕，那些套路，都尽在他的掌握之中。只是，他们看透不说透，不愿过分计较，而更多地会体现出一种包容和体谅。

春秋时期，晋国有个人叫郤雍，自幼善于观察，他能从别人的言行举止上中推断对方的心理活动，而且非常准确，因此有了点名气。

有一天，郤雍在街上散步，王走着走着，他忽然指着一个人说："赶快抓住他，这个人是小偷！"

人们听了，七手八脚一拥而上抓住那个人送到官府，官员一问，这人果然是个三只手的小偷。

大夫荀林父问郤雍："你走在大街上，又没有看见那个人偷东西，你怎么就能准确的断定他是个小偷呢？"

郤雍回答说："那个人在大街上来来回回走了很多趟，并不像是个买卖人，于是就引起了我的注意。随即我就发现，他一看见卖的好东西，眼睛就直了，且面露贪婪之色，总想占为己有，在人家摊位边上转来转去舍不得离开。每当摊主警觉地看他时，他又非常不自在，举止显得很尴尬。他发现我一直在注意他时，便表现出害怕恐惧的模样，很想立即甩掉我。因此，我判定他肯定是个小偷。"

荀林父听了，心里十分佩服。

不久，晋国遇到了灾荒年谨，庄稼颗粒无收，庄稼人生活极为贫困，很多人因为缺吃少穿被迫当上了强盗，一时间偷盗抢劫的案件频频发生。

官府多次派人四处查缉捕捉盗贼，虽然用尽酷刑，也无济于事，并不能遏制偷盗抢劫的案件发生。面对偷盗抢劫行为的日益猖獗，官府毫无办法。

有人向官府推荐郤雍说："郤雍善于察言观色，而且能够看出来谁是小偷，可任用他来捕捉盗贼。"

当时，大夫羊舌职听说官府要让郤雍担任抓捕盗贼的领导，非常遗憾地对手下人说："让郤雍捕捉盗贼，确实非常有效。但是郤雍过于聪明，很快就会有大批盗贼被捕，必然会引起更多盗贼的痛恨。况且，只有郤雍一个人出面抓捕盗贼，即便是他再有多大的本事，也不会抓捕精尽盗贼的。故郤雍不久必死无疑！"

手下人听了，自然半信半疑。

羊舌职说了没出三天，果然传来郤雍在郊外抓捕盗贼时被杀的消息。

"察见渊鱼者不祥，智料隐匿者有殃。"如果你把事情看得透彻精辟，那就不应该处处显露出来，宁可佯装糊涂一些，也不用看透说透的。古人说，水至清则无鱼，人至察则无徒。太清的水里养不住鱼，过于较真的人没人追随。所以，无论是当领导还是处朋友，明于内而憨于外，做到看透不说透、难得糊涂便会时时主动，游刃有余。否则，过分较真苛求别人，就会处处被动，事事受制。如果那样的话，不但朋友做不成，领导恐怕也不好当了。

很多人的微信朋友圈里都存在这样一种人，不管你转发什么新闻，说个什么新鲜事，他都会直接点破：这都是几年前的事了，你还当新闻？这有什么稀奇的，真是少见多怪，你一定是在家待久了！

小李就是一个这样的人。

有一次，朋友在群里发了一个段子，大家都觉得挺有意思，所以都在嘻嘻哈哈地评论，小李突然跳出来说："说什么好呢？我三年前就看过这个段子，你们真是太OUT了。' 他的这条消息一发出，好长一段时间，群里都没有再说话。大家隔着屏幕，都能感觉到那份尴尬。

还有一次，工作群里一位年纪稍大的同事发了一条消息。很快，小李就一本正经的回复说法：张哥，这是谣言，官方早已证实了。之后好长一段时间，群里都静悄悄的。

生活中，每个人的经历与见识都不一样，有些事情对一些人来说，是新鲜的、好玩的、有趣的，但对另一些而言，可能显得乏味、无聊。所以，不要急于表现自己的观点、好恶，更不要刻意去营造一种"众人皆醉，唯我独醒"的优越感。有些人为了刷存在感，总是习惯语出惊人，或是讲一些奇谈怪论，以表现自己过人阅历与才智。

看破且说破，犯的是情商大忌。特别是在大家相聊甚欢的时候，不留情面地说破，不但让场面陷入尴尬，也挫了别人的兴致，最后不但把天聊死了，还会因此得罪人。

比如，当别人饶有兴趣地和你讲一件事情时，你头摇得像拨浪鼓一样："这个我都听说过不知多少次了。"或者，你和他说自己在用某个牌子的电脑，他会表现出一种作呕状："地球人都知道，那个牌子有多烂，我真是服你了。"所以，你经常会把别人置于尴尬的境地，时间久了，也就没有人愿意和你分享他们的故事与经历。

相比之下，高情商的人就很会说话，不该说的不说，该说的，却要点透。比如，朋友请你吃饭，选了一家低调奢华有内涵的店，但大家都没注意到这一点，于是你说："强哥你真厉害，我还是头一次来呢，我听说这家店生意太火爆了，提前一个月预定都未必能订得到呢。你居然能订到，真是让你费心思了。"这种话一说，主人和客人都觉得有面子，皆大欢喜。所以，这时候你可以把话说透。如果是一个低情商者很可能会说："我还以为是什么地方呢，原来是这里，我们上个星期就来吃过，怎么说呢，味道一般般。"

　　在人际交往中，与人沟通的目的并不是为了表达自我，显示自己的聪明，而是为了避免尴尬，为了增进了解。许多事情，心里明白就好，说得太清楚了反倒让人不自在。但有些事情需要点破，但这个度需要自己去把握。这就要看个人的情商了。

懂得变通，
人生才有出路

很多时候，我们在一条路上走得很艰难，并不是因为我们能力不够或者不够努力，而是因为我们不懂得变通。因为人生的道路从来不只一条，而固执只会让你走入死胡同，让你觉得人生无望。当你学会变通之后，你才能发现人生的曙光。

直性子只会让你更固执

有这样一个故事：

一天，东郭先生派了三个弟子到襄阳去。

当东郭先生送他们到路口时，说道："从这儿往南走，全是畅通的大道，你们沿着这条道路走就对了，别走岔路啊！"

这三个弟子分别是左野、焦茗和南宫无忌，他们三个人向南走了五十多里时，却遇上了一条大河流，横在老师指示的正前方。他们左右观察了一下，发现沿河走半里左右，便有一座桥可行。

这时，南宫无忌说："那儿有座桥，我们从那儿过河吧！"

但是，左野这时却皱着眉头说："这怎么行？老师要我们一直往南走啊！我们怎么能走弯路呢？这不过是个水流罢了，没什么可怕的。"

说完之后，三个人互相扶持，一起涉河而过，由于水流相当湍急，好几次他们都险些葬身河底。

虽然全身都湿透了，但也总算安全地过河了，他们继续赶路，又往南走了一百多里时，再次遇上了阻碍。

这回，他们遇到一堵墙，挡住了前进的道路。

这次，南宫无忌不再听其他两个人的意见于，他坚持地说："我们还是绕道走吧！"

但是，左野和焦苔却固执地说："不行，我们要遵循老师的教导，绝不违背，因为我们一定能无往不利。"

于是，焦苔和左野朝着墙面撞去，只听见"碰"的一声，两个人猛烈地弹倒在地上。

南宫无忌恼怒地说："才多走半里路而已，你们干吗不考虑呢？"

东野说："不，我就算死在这里也不后悔，与其违背师命而苟且偷生，不如因为遵从师命而死！"

焦苔也附和地说："我也是，如果违背老师的话，就是背叛者。"

两个人话一说完，便相互搀扶，奋力地往墙面撞了上去，南宫无忌想挡也挡不住，于是他们两个人就这么撞死在墙下了。

撞死的东野和焦苔，就是典型的直性子。直性子太固执，不知变通，不知道根据形势采取不同的应对方式，反而坚持无谓的使命，最终结局堪忧。

那些思维不能变通与转弯的直性子，只会陷在死胡同中，永远找不到自己的出路。

不知变通的人，不仅无法宽容别人，更糟糕的是还会害人又害己。现实生活中的应对进退之道也是如此，若不想让故事中的蠢事发生，那么面对刻薄的人的时候就多绕几个圈，别老是钻牛角尖。

其实钻"牛角尖"的原意是形容费力钻研那些不值得研究或无法解决的问题。现实生活中人们基本上把这个词引申为想问题、办事情比较死板，不知变通，不会转弯。直性子在为人处世中，不会来点"弯弯绕"，很就陷进"牛角尖"之中。

有一个人给一位心理专家写信说："我这个人是班里有名的死脑筋，想问题、做作业总是死搬教条，因此常常钻牛角尖。"因此，钻"牛角尖"就是"死脑筋"的同义词。

现在，我们就按照所延伸的这层意思来讲讲这个问题。

所谓的"死脑筋"，主要是指思维的灵活性比较差。

可是为什么有人思维不灵活呢？

其实这里有先天的生理原因，也有后天的修养原因。

从先天的原因来看，主要和人的高级神经活动的特点有关。

人的高级神经活动分为4种基本的类型。其中一种为"安静型"，属于这种类型的人，他们大脑的高级神经活动有一个较突出的特点，那就是在对外界的影响做出反应时很迟钝。

只要你稍微留心一下就可能发现，我们周围这种慢节奏的人很多，平常我们把这种人称为"慢性子"。

这种慢性子的人在看问题、办事情时，就可能表现出惰性的色彩。到了拐弯处，他难以迅速转弯，还需要走一阵子，甚至一直走下去，以至于钻进牛角尖。

从后天的修养来看，主要是因为在后天的发展中，人们不同的心理特征对思维灵活性有影响。从思维自身的特征来说，有些人的思维是发散式的，因此想问题比较开放，一些人喜欢从不同的角度来想。有的人的思维是集中式的，这种人的想象总是较倾向于整齐划一，热衷于沿一条思路找寻答案，追求稳定。相对来说，这种集中式思维特征比较突出的人，容易陷入"牛角尖"。

陷进"牛角尖"之中，办事便不会变通，思维也不会灵活发散，最终导致事情办得并不尽如人意。由此，人们应走出牛角尖，学会迂回办事的艺术。

当你在死胡同里绕不出路时，先定下心想想，你是不是一味坚持走直路，宁可硬碰硬而不肯跨上通往目的地的那座桥？这时候就应该想到，拐弯抹角，藏锋不露，也是一种办事艺术。它是为了创造一种适宜的寒暄气氛，有意抓住生活中的细枝末节，在彼此的心弦上轻拨慢捻，从而弹奏出人情味，化对立为调和，变冷漠为热情。

当你有事去求某位知名人士时，此君以工作忙碌为由搪塞，你也不必气馁。不妨做一名热心的听众，积极寻找交谈的"由头"，看准时机，再向此君说："您刚才说的那段话，使我想起了一个问题……不知您对此有何见教？"他就会在不知不觉中顺口说出对这个问题的意见。这样，彼此之间的距离便会拉近。

办事中，当自己遇到举棋不定或束手无策的事件时，不妨让对方的话说个开头就中断，"这么说，你的意思是……"这样很容易令对方自以为是"主角"，在毫无戒心的情况下，通常会自然地将自己的心迹"投影"在接下去的话里，使你既体现了对对方的尊敬，又避免了自己因山穷水尽而出洋相。

人常说，要讨母亲的欢心，莫过于称赞她的孩子。一些聪明的人往往利用孩子在人际交往中充当媒介。本是一桩看似希望渺茫的事，通过向"小皇帝""小公主"大献殷勤，便可迎刃而解。

由于人与人的认识水平、思想观点、生活方式各有不同，所以在办事时难免发生冲突或摩擦，即使有很好的人际关系，也难免心生怨气，耿耿于怀。对这种"心肌梗塞"，如不及时医治，久而久之便会恶化。而有办事技巧的人，会在"战事"停息之后，不忘递上一杯"热咖啡"——不是亲自登门道歉，就是当着对方另一位朋友的面故意将过去的事大加渲染，有的放矢地讲自己是为大家好，是迫不得已而为之。以此将你的苦衷、诚心间接地传递给对方，让他觉得"你是这样大度，不计前嫌"，使他更加忠于你，与你为善。

弹性处世才能让你更灵活

为人处世要讲究弹性，也就是要凡事要灵活一点。比如，面粉放上水揉一下，然后一捏，面粉很容易散开，但是你继续揉，揉过千遍万遍以后，它就再也不会散开了，这是因为它·有了韧性。

人进入社会的过程就如同一团散沙般的面粉，被社会不断地搓揉，最后变成有韧性的面团的过程。蹂躏、折磨、压迫都是对人的考验，你必须灵活应对，此招不行，赶快换招。

加拿大魁北克有一条南北走向的山谷。山谷没有什么特别之处，唯一能引人注意的是它的西坡长满松、柏、女贞等树，而东坡却只有雪松。这一奇异景色之谜，许多人不知所以，然而揭开这个谜的，竟是一对夫妇。

那年的冬天，这对夫妇的婚姻正濒于破裂的边缘，为了找回昔日的爱情，他们打算做一次浪漫之旅，如果能找回就继续生活，否则就友好分手。他们来到这个山谷的时候，下起了大雪，他们支起帐篷，望着满天飞舞的大雪，发现由于特殊的风向，东坡的雪总比西坡的大且密。不一会儿，雪松上就落了厚厚的一层雪。不过当雪积到一定程度，雪松那富有弹性的枝丫就会向下弯曲，直到雪从枝上滑落。这样反复地积，反复地积，反复地弯，反复地落，雪松完好无损。可其他的树，却因没有这个本领，树枝被压断了。妻子发现了这一景观，对丈夫说："东坡肯定也长过杂树，只是不会弯曲才被大雪摧毁了。"少顷，两人突然明白了什么，拥抱在一起。

做人不可无傲骨，但做事不可能总是昂着高贵的头。生活中我们承受着来自各方面的压力，积累着，有时会让我们觉得难以承受。这时候，我们需要像雪松那样弯下身来，灵活应对。

弹性的生存方式，是一种生活的艺术。无论何时，做人都应该灵活一些，不要太固执。太固执己见似乎让人感到有个性，但更多的时候给人的感觉是顽固不化。

太固执的人总会自以为是，很轻易地得出一个结论后，就认定是最终真理，别人如果有不同看法，就认定是别人哪儿出问题了。太固执的人很容易对人产生偏见。在他们眼里，爷爷是小偷，孙子也好不到哪儿去；一个人从监牢里出来，他这一辈子肯定不会再干好事。其实则不然。世界"牛仔大王"李维斯的公司中有38％的职员是残疾人员、黑人、少数民族和一些有犯罪前科的人，他们不但没有影响公司的效益，反而非常卖力地干活，而且干得很出色。

太固执的人很少有好人缘。要想改变这种坏脾气，首先得试着去理解人，试着从别人的角度来考虑问题。可以抱着这样一个信条：在不了解一个人或一样东西之前，绝不妄下结论。

做一件事可以有无数种方法，而只有一种是最佳的，但你想到的可能是最差的。开动脑筋，试着换种方法，你就会感觉豁然开朗。有了这种"换条路"的思考方式，就会发现很多最佳的方法。"船王"包玉刚之所以能从一条船起家，由一个不懂航运业的门外汉一跃成为一代船王，就是因为他时时处处都在想着如何才是最佳的。当别人都在搞房地产的时候，甚至当他的父亲也主张投资房地产时，他经过分析却决定投资航运业；当别的船主都在用"散租"的方式获取暂时的高额租金时，他却用"长租"的方式获得稳定的收入，因此赢得了无数固定的大客户。他之所以成功，不是因为他是"包青天"包拯的第二十九代子孙，拥有特殊的遗传基因，而是因为他总能发现常人所用方法的弊端，同时又想出一套更好的方法。

当我们发现自己所处的环境不利的时候，那就试着去换一个地方。当你发现手下人不称职时，就坚决地撤换。当你发现靠每天一封情书向恋人人求爱效果不灵时，就试试一个礼拜不给她写信。当你发现每天弥勒佛似的和人交往，别人还不领情时，你就试着换副坚毅的面孔。当你发现对儿子百依百顺，但他却更加无法无天时，你就试着严厉些。总之，发现"不行"你就得变，要经常换个思路，寻找最佳的方法。

要变通，不在一棵树上吊死

走路如果遇到了"障碍"，不能再往前走了，此时，便需要求变。俗话说：穷则变，变则通。只要变是硬道理，因为如果你不变，则会遭受更大的打击和挫折，变则可以柳暗花明，找到冲破障碍的突破点。处世应当机立断，有时一变则通。雍正用人从不墨守成规，他有几句座右铭：不可行则变；因时而定；因人而定；因事而定。这也成了他操纵胜局的高明法术。

常言说"只有大乱才能大治"，当朝政出现危机，内部混乱、人心骚动时，许多的投机钻营者"江山易改，本性难移"，纷纷显现出了本来面目。雍正看到了这些，他极需要从中揪出一两个反面典型，杀一儆百，惩前毖后。于是年羹尧、隆科多不幸撞到了刀刃上，雍正也正好借此机会在除去心腹大患的同时，警示大臣们要有所收敛，不要故步自封、无法五天了。

为了置年羹尧于死地，除了大臣们揭批年的九十二条大罪外，雍正大帝还特意罗织了年的第一大罪：图谋不轨欲夺皇位。最后，雍正念年平定青海有功，遂施恩令其自裁。可见，不可行则变，是雍正琢磨再三的天机。

雍正凭自己的智慧，善于抓住时机，及时应变，把大难题变为小问题，这是他的果敢之处。其实，难题和问题并不多，关键在于你要有"不可行则变"的果敢性，并一定要落实到行动中去。

琳达小时候生活在一个比较富裕的家庭。由于是家里年纪最小的，父母和哥哥们对琳达都特别宠爱，她养成了一种自以为是的习惯，认为一切都是理所当然的，不管什么事，都习惯用命令或大叫的方式来表达。

家里的仆人和亲戚对她都是言听计从，可琳达在跟社区的其他孩子相遇时却遇到了麻烦。她看到他们一群人玩着一个足球，不时兴奋地吆喝着。琳达按捺不住了，飞快地跑过去，用她最平常的语气喊道："喂，把球给我玩。"他们谁都没听到，仍然你一脚、我一脚地踢着。

琳达有些不耐烦了，跺跺脚，冲进他们的队伍去抢球。

看到琳达过来，控制球的那男孩一脚把球踢了开去，另一个男孩接住了。琳达又向接球的男孩跑去，快到时，那男孩又一脚踢给了别人。周围的男孩也配合着大笑起来。琳达终于发现他们是故意捉弄她，于是十分生气，更加卖力地跑起来，想要把球夺过来。

过了不久，琳达明智地停住了。她一个人确实跑不过他们一群人，再跑下去，也是充当被捉弄的对象而已。

琳达一抹头上的汗珠，边骂边向家走去。这时她发现旁边的长椅上坐着一位老人，正笑呵呵地望着琳达。

他一定也看到了刚才的一幕，正嘲笑自己呢。琳达更生气，为挽回面子，她大步向他走去。

"喂，老头，你笑什么？"琳达盛气凌人地问他。

"琳达，我可以教你怎样将球夺过来。"老人用夸张的表情回答："不过你得先心平气和地坐下来听我讲故事。"

琳达咕噜了两句，一屁股坐在了老者旁边，看着他。

"有一次啊，太阳和风为争论谁最强大而吵起来了。"老人绘声绘色地讲开了。

风先说：我们来比试比试吧。看到那个穿大衣的老头了吗？谁让他更快地脱掉大衣，谁就最强大。我先来。

于是太阳躲在了一边，风朝着那老人呼呼地吹起来。风越吹越大，最后大到像一场飓风。可老人随着风的变大，反而把大衣裹得更紧了。

风放弃了，渐渐停了下来。这时，太阳出来了。他用温暖的微笑照在老人身上，不久，老人觉得热了，他脱掉了大衣。

太阳对风说道：看到了吧，温暖和友善比暴力和粗鲁要强大得多。

讲完故事，老人又笑了起来。他摸着琳达的头说："去跟那群孩子道歉，用另一种方式，就会得到你想要的。"

琳达向老人鞠了一躬，离开了。

当然，最后她顺利地加入了玩足球的行列。可老人给她讲的故事却远比那天地玩耍更深刻。

人不可无刚，无刚则不能自立，不能自立则不能自强，不能自强也就不能成功；人也不可无柔，无柔则不亲和，不亲和就会陷入孤立，四面楚歌，自我封闭，而拒人于千里之外。

自觉、灵活地运用更多的方式，去打开人的心头之锁。劝说的一个重要方式是谈心交心。谈心，犹如弹拨人的心弦，弹拨的方式得当，则成一首妙曲，顿生亲和感；弹拨不当，便成噪音，只能使人心烦。

现实生活中，不管处理任何事情，都要灵活应变。此招不行，赶快换招，否则，即使你用尽了力气，恐怕也难达到目的。

不做老实死板的人

人生不可能是一条笔直的道路，这条路走起来是讲求技巧的。换句话说，这是一个选择的过程，在情况发生变化的时候，要懂得及时调整和选择新的路线。做任何事，都有多种方案，而不可能只在一棵树上吊死，也不会一条路走到黑。可是，今天的人们太老实死板了些，凡事总喜欢做到底。殊不知任何一件事都有多种方案，拥有很多被选择的空间，遇事能随机应变，就是一种智慧。

选择并开拓道路是成功者和失败者的根本差异，老实死板的人往往都是后者。每当成功者为自己的事选择或改变途径时，就有一种快感，那是老实死板的人所无法体会的。

人生的道路是不平坦的，紧要处只有几步。几个紧要处的连接基本上完成了一个人的一生，所以，千万不能一条道走到黑，吊死在一棵树上。盲人尚且知道用拐杖试探前方的道路，如果遇到障碍，他绝不可能坚持往前走，而是绕个道，不是因为他胆怯，而是有些牺牲根本没有必要。人生是短暂的，我们这些老实死板的人糊里糊涂地走错了几条道路，好几十年就过去了。如果我们走上了一条不归路，这辈子就没什么可憧憬的了。因此，遇到障碍就绕着走，好汉并不逞一时之勇，老实死板的人一定要记着这个道理。

一种行业有所普及之后往往就有了文化的属性。像自助餐、自助旅游一样，及时改变和选择新途径也无外乎是一种另类休闲。这种选择的过程中，恰恰体现了一种精神，一种勇于放弃的精神。

老实死板的人都讲计划，一棵树上吊死的原因是顽固不化，头脑不开窍。只要这不是一条绝路，就可以调整，为什么非要往前走呢？这不是计划失误的问题，而是老实死板的人自己的问题了。

别觉得自己挺执着，这是不折不扣的愚蠢。何况，计划本身就不是教条，它时刻都需要调整。这个调整是对计划的更新和完善，越调整计划才越可能接近正确，一个错误的计划坚持到底对人生有什么益处呢？

我们看看那些成功人士，他们最终的地位跟儿时的设想都是具有一定差别的。那个大方向可能不变，但是操作的具体步骤和实现手段不能僵化。所谓"世变事变，时易事易"，每个人都得根据自己的情况调整道路的方位。跟那些办事死板的人不同，吊死在一棵树上的事儿他们从来不干，哪里的路好他们就往哪里走，泥泞的地方可能适合种水稻，但是不能走。

聪明者都是懂得如何随着情况改变自己的路线，懂得放弃与选择的奥秘。

几乎可以肯定地说，在这个世界上，任何人都不可能是一个无所不能的天才。一个人的能力无论多么大，也是有限的，只能做一部分工作，体现一部分价值。特别是我们可能时而遇见自己力所不能及的事情。这些力所不能及的事情的难度一般来说都是在操作一部分之后才察觉到的。此时，觉得自己势成骑虎，一定要硬着头皮挺下去。其实情形没那么严重，没有人逼我们吊死在一棵树上。

如果我们真的无法胜任某种工作，不适合做某件事，那还不如及早回头，把时间安排在自己擅长的领域。大可不必觉得自己懦弱，放弃何尝不是一种勇气？做人就是如此——只有智力障碍者才会死死地抱着一棵树不以为然地说，只要咱们努力了就一定能赢。

所以，我们一定要弄清楚的是，自己是不是真的能够胜任某项任务，能否真正取得胜利，这就好比我们煮饭，如果锅里有米，那么熬稀还是熬干都是自己的选择。无论成功与否，都可以无怨无悔；如果没有米，我们熬来熬去，终归是一锅清水。

喜欢钓鱼的人都知道，即使根据水势和地形找到一个最佳的垂钓位置，投入香饵静静地等待，五六个小时之内浮标也可能一动不动。重新换一个地方，似乎有点让人不太甘心，可是，眼见西边的红日就要隐去了，不如重新碰碰运气，不料，没到两分钟，就钓起了一条2斤多重的大鱼。可见，换一个方向可能就会有所收获。生活向来都是拒绝死板的人。当然，老实死板的人要想改变自己的命运，这还需要具有超常规的思维和冒险精神。

有一个年轻人，运用自己所有的积蓄开了一家商店，由于在开商店之前没有做好充足的准备，没有看好地理位置和当时的市场行情，盲目投资，结果生意十分平淡，大部分货都积压在库房里，所有的资金都压在上面，所以连周转都很难。

而且每天的费用很高，收入与支出仅能持平，有时甚至支出还大于收入，这样的生意还有什么意思呢？他的妻子劝他尽快撤出，以防时间长了损失更大，把自己的老本都赔进去。但是这个年轻人却依然执迷不悟。待到他终于认识到他的困境绝不是一时半会儿能解决的时候，他已经被粘住了。本来应该早点脱手，可是他却没有这样做，结果在一棵树上吊死了，损失惨重。

在我们所从事的领域里，如果在早期发现有坏的苗头，就要及时退出，以免时间长了被牢牢地套住，不能自拔。那些有眼光、头脑灵活的人在这方面便非常走运，坏的运气还没有蔓延之前，就把它远远地抛开了。

这听起来似乎很简单，然而许多老实死板的人却似乎从来也没有掌握它。任何严重亏本的事情总是有一个开端的时期，这时候如果我们放弃它就会使自己少受或者不受损失。但那个时期也许会很快地消逝，当时间过去，机会便已经溜走，如果我们这时才意识到，已经不能弥补损失，被牢牢地困在那里了。

做一件事，不能总是把它想象得过于完美，过于顺利，没有风险。命运是变化无常的，我们不能相信运气，一个头脑灵活的人总是做好最坏的准备，做好防范措施，谨防受到意外之灾的袭击，并且知道如何补救。他们知道命运不以我们的意志而转移，不受我们的支配，如果没有防御意识，当厄运降临到头上，就无法控制局面，使局面进一步恶化。而老实死板的人却总是一条路行到底，把自己吊死在一棵树上，不会随机应变，转移方向。

每个人都希望命运女神能够对自己有所青睐，向自己抛来成功的绣球。

然而当机会来临的时候，老实死板的人却迟疑不决，死死地坚持自己原定路线，面对机会只是站在一旁观望，结果就这样让成功的希望从自己身边溜走。他们就像是老古董一样，倔强地不肯接受任何新的变化。而对于随机应变的人来说，这却是再好不过的机会了。他们毫不犹豫地抓住走到面前的机会，终于使自己走上了成功的道路。不同的选择，导致了迥然不同的结果。

有这样一个故事，很能说明这个问题。有两个靠砍柴为生的樵夫，他们总是结伴而行。在一次上山砍柴的路上，他们发现了几大包棉花。因为棉花的价格要比木柴的价格高出很多，如果把这几包棉花卖掉，他们就会赚到很多钱，所以两个人都非常高兴，决定一人背一包棉花拿去卖掉。途中，一名樵夫又看到山路上有一大捆布，而走近一看，是上等的细麻布，竟然有十多匹。

这名樵夫就和同伴商量说："咱们不要背这些棉花了，把这些细麻布背回去，不是能够赚更多的钱吗？"而另一个樵夫却说："咱们已经背了这些棉花走了这么远了，如果就这样放弃，岂不是白吃刚才的辛苦了。"不管要背细麻布的樵夫怎样劝告，他的同伴就是不肯放弃自己的想法。他没有办法，只好自己背上细麻布继续往前走。

又经过了一段路程以后，背着细麻布的樵夫看见前面的路上闪亮闪亮的，走到跟前一看，竟然是一大堆的金子，他喜出望外，心想："这下可真的发财了。"赶紧喊他的同伴："喂，还不赶紧来挑金子。"谁知他的同伴却说："这些黄金如果不是真的，那咱们不是白费这么多的力气了吗，咱们还是踏踏实实地把这些棉花和布背回去吧。"背着细麻布的樵夫没有办法，只好自己挑了两罐黄金和背棉花的伙伴赶路回家。

走到山下时候，突然之间下起了瓢泼大雨，因为周围没有避雨的地方，所以两个人都被淋湿了。背棉花的樵夫只觉得自己肩上的棉花越来越重，最后因为吸饱了雨水，重得再也背不动了。这个樵夫只得放弃棉花，空着两手无奈地走回家去。

　　这个樵夫就是一个典型老实死板的人。其实，人生实际上就是一个不断选择的过程，不同的选择就使人生轨迹发生了不同的变化。在遇到选择的时刻，要开动我们全部的智慧，做出最正确的判断，不要让自己吊死在一棵树上。套用那句话"识时务者为俊杰。"就是说，要根据目前的状况及时调整策略，而不能够像挑棉花的樵夫一样，抱着固执的念头，结果却走向了错误的方向，这样只会使我们面对结果的时候悔恨遗憾。

性子直，但思考不能太直

　　直线思考是直性子容易犯的一个毛病，他们虽不会花言巧语，不懂得运用计谋，却往往只知直线思考。

　　很多人表面上说他们单纯、天真，其实内心多半在嘲笑他们是"白痴"，然而，他们真的白痴吗？真的一无是处吗？难道那些嘲笑他们的人就真的胜过他们吗？

　　有这么一个有趣的故事，可以让我们检讨一下，这种不经意就会流露出来的优越感有多么可笑。

　　某日，一位被众人视为白痴的人对天才说："你猜，我的牙齿能咬住我的左眼睛吗？"

　　天才盯着白痴看了几眼，笃定地说："绝对不可能啊！"

　　白痴说："那，我们来打个赌！"

　　天才认为这绝对是不可能的事，于是同意打赌，但只见白痴将左眼窝里的假眼球取出丢进口中，用上下牙齿咬着。

天才吓了一跳，说道："没想到，真的可以呀！"

白痴又说："那你信不信，我的牙齿也能咬住我的右眼睛？"

天才说："不可能的！"他心想，难道这个家伙两只眼睛都是假的？这绝对不可能，否则他就看不见东西了。

于是，两人再次打赌，只见白痴轻易地把假牙拿下，往右眼一扣。

天才再度吃惊了，说："没想到，真的可以呀！"

你说，到底谁才是白痴呢？

其实，在这个社会上，对于白痴和天才的定义有很大的雷同之处。

第一，他们的人数不多。

第二，他们都异于常人。

第三，有时候所谓的天才想法，在没有成功之前，其实看来都像白痴；反之，很多白痴单纯执着的举动，最后却能激发出天才的灵感。

像爱迪生小时候就曾被视为白痴，还让家人担忧了好一阵子，可见得天才和白痴只有一线之隔。

所谓天才的想法，有时候因为太过惊世骇俗，超过凡人的想象太多，所以根本无法被接受，甚至遭到排斥，但究竟谁才是真的白痴呢？

无法被人接受的点子，或是被人视为天真、愚蠢的想法，真的毫无用处，只是浪费时间吗？

恐怕并不是如此吧。

保持一颗纯真、无往无染的心，以单纯与开阔的态度来面对生活难题，并不丢脸。别把自己的脑子加上了大锁，人类就是需要扬弃自己脑中食古不化的观念，多以开放的心来接纳外界的讯息，才能彼此良好地互动，激荡出创意的火花。

做事可以用点巧劲

　　能够有一条绝妙的计策在手中，把难以办成的事办成，是很多人都向往的一件事。是的，每个人做事都不一定顺手，有的会曲曲折折，费了九牛二虎之力，尚无好结果。当然也不排除，有些人神通广大，能力超强，一下就能做成事情。但前者毕竟是多数，后者必为少数。天下事都是人做出来的，什么样的想法，就可以导致什么样的行动，什么样的行动就可以引发什么样的结果。

　　做人办事靠脑子的人可能有一两件事暂时做不成，但总会做得大成，做到让左右人叹为观止。反之，你可能就会由着性子来，想到哪儿做到哪儿，不计后果，这种"莽汉式"做事方法多半是撞大运，成败均在老天爷的照顾与否。所谓"锦囊妙计"，即指做人办事之上上策，如果能够掌握它，就能点石成金，手到擒来，力挽狂澜。自然，锦囊妙计有很多，关键要看哪一条适应你，你驾驭起来更得心应手。

　　天下大小事情，都自有其道理，如果不善于精明求变，则可能会走到绝路上去。毫无疑问，没有人想走绝路，不但不想走绝路，而且活路越多越赏心悦目。凡是善于谋算自己心事的人，拿手绝活就是精明求变，让自己全身灵活起来。这样做，一则可以让自己摆脱被动状态，给对手以不可捉摸之感，二则可以用反控制的计策，给对手设置难题，从而为自己争取主动。

　　做任何事，都力戒莽撞，应多摸透对方心思之后再行动，这样可以增加成功率。怎样做到这一点呢？首先要把自己变成一个"侦察专家"，多方面看、走、问、想，运用排除法，把对方的信息过滤一遍，最重要的留下来，然后再反复验证几遍，即可。与对手较量，这。种"摸透心思术"极为重要，是知根知底的唯一手法。

直性子做事缺乏计算，这样容易流于盲目。《孙子兵法》中有一句话极其深刻，即"多算胜，少算不胜"。它告诉我们这样一个道理：做任何事之前，必须先在脑海中盘算好才出手，切记不要盲目冲动，不知对手底细就稀里糊涂动手。再者，还要注意"多算"与"少算"的关系——越反复思虑，越周密推算，越能赢得胜利；反之，就可能大打折扣，甚至招致惨败。因此，我们必须明白，一个"算"字的重要性，即不算不胜，多算必胜。"变"字的最高境界是神算。

第一，不算不胜，善算必胜。

人人都想有善算之变术，以便取得胜局，但有人能为之，有人不能为之。

第二，神算高招。

神算之变，常令人叫绝，三国风云，变幻万千。其中搅乱风云者，无非是军师、谋士。众所周知，诸葛亮是一名"神算子"，他智谋过人，胆量过人。人人皆知的"草船借箭"就是诸葛亮的得意之作。它是《孙子兵法》算计高招的巧妙运用。

算与不算，大不相同。算则能巧取妙胜，不算则任意而去，哪管西东。特别值得注意的是：在以弱抗强时，只有认真算计，才能巧妙地打败对手。此为精明善变之计，即神算之计。

大千世界，总有一些人很有本事，做什么事都易如反掌，所以让人佩服。问题是：有些人本可以把自己的本事显出来，但由于情况特殊，反而掩藏自己的本事，以免给人造成威胁感，这是善用巧变之功，左右应对。这里面透露出一种灵活之计。

殷纣王不分昼夜地饮酒，白天也闭窗点烛，以日为夜，以致忘记了时间，问一问身边的侍从，也都喝得稀里糊涂不知道，便派人去向担任太师之职的叔父箕子去打听。箕子说："身为天下之主而自己和左右的人都忘记了日期，国家就很危险了。所有的人都不知道而只有我知道，我也就危险了。"便推辞说自己也喝醉了酒，不知道日期。

这则故事给人的启发是，无论在什么问题上都不要表现自己过于高明，掩藏自己的智慧和自己的能力，才可避免遭到猜忌。

但深藏不露不同于胆小怕事，它是对于真实感情的一种掩饰而不是扼杀，是为了保全自己而不是苟全性命，它的"不露"是暂时的，最终是要大显峥嵘的。

无论何人，只要心中有"精明善变"四字，便多多少少练就察言观色的本事，他们会根据你的喜怒哀乐来调整和你相处的方式，并进而顺着你的喜怒哀乐来为自己谋取利益。你也会在不知不觉中，意志受到了别人的掌控。如果你的喜怒哀乐表达失当，有时会招来无端之祸。

因此，高明的成大事者一般都不随便表现这些情绪，以免被人窥破弱点，予人以可乘之机。上面的故事告诉我们，欲求成功，必须求变，不怕天下人耻笑。当决战的时机还不成熟而对方咄咄逼人之时，要求变，求变，再求变。目前的求变负重是为了未来的胜利，暂时的退却和忍耐，并非懦夫的表现，而是意志坚定、目光远大的表现。

因势利导，改变做事策略

商朝末年，纣王荒淫无道，残暴不仁，只知沉湎酒色，全不问国家大事，使得奸臣当道，天下大乱，无辜的忠良不是被杀就是被疏远，人民生活非常艰苦。姜子牙因不满纣王暴政，毅然辞官离开商都朝歌，躲到渭水河边过着隐居的日子。

渭河一带是周文王姬昌的管辖范围，周文王胸怀大志，很爱惜人才，四处寻访智谋之士。姜子牙是个有雄才大略的人，他胸怀济世之志，想施展自己的抱负，可是一直怀才不遇，大半生在穷困潦倒中度过。他曾经在朝歌宰过牛，又在孟津卖过面，岁月蹉跎，转眼已到了垂生暮年，两鬓白发苍苍。

当他听说当朝贤主周文王的圣名后，便来到渭水河畔，假借垂钓之名来观望时局，希望能得到周文王的赏识，使自己的才华得以施展。为了吸引周文王的注意，姜子牙天天坐在河边钓鱼。他的鱼钩是直的，没有鱼饵，离水面有三尺高。他一边钓一边说："鱼儿呀，你快点上钩吧？"有人好意地告诉他这样钓不到鱼，姜子牙只是笑着说；"鱼儿自己会上钩的。老夫在此，虽然名义上是垂钓，但是我的本意不在鱼，鱼儿自己会上钩的。我宁可直中取，不向曲中求，不为锦鳞设，只钩王与侯。"人们听了之后都嘲笑他，他也不理会。

姜子牙异于常人的做法最终惊动了求贤若渴的周文王。周文王心想他可能是个有才能的奇人，就派士兵去请他来。姜子牙看到是士兵，不但不理睬，还继续钓鱼，嘴里还一边念着："钓、钓、钓，鱼儿不上钩，虾米来捣乱！"士兵只好回去报告。周文王到底是有心之人。他对垂钓老人的言行举止苦思冥想许久，终于恍然大悟了：也许这个不同凡俗的老人正是自己苦苦寻求的天下奇士，智谋非凡的大贤人呢。

其实，周文王的想法一点也不错，垂钓渭水之滨的正是大贤大德之人姜子牙。他早知道周文王有心兴师伐纣，解除天下黎民疾苦，自己也想助他一臂之力。

周文王一改往日的矜持，亲自去请姜子牙。他毕恭毕敬地来到渭河边向老人家施礼，姜子牙说："我久闻大王贤良，也愿出山相助。只是不知大王是否能信得过我？大王是否真的真情相邀。"周文王赶忙说："本王真是求贤若渴呀？"随后向他请教兴国大计。两人谈得非常投机。让周文王惊讶的是，一个天天以钓鱼为乐的穷老头，对天下大事以及国家的文治武功知道得这样清楚，知识又是如此的渊博，而且观点新颖见解独到。他还发现这个钓鱼的穷老头对五行数术及用兵之法有很深的造诣。

求贤若渴的周文王从姜子牙睿智、机敏的谈吐中发现，此人正是自己所要寻访的大贤。他高兴地感叹："我的先祖太公，早就寄希望于你啦！"于是周文王用最隆重的礼节款待他，并把他让上自己坐的马车。

于是，83岁的姜子牙出山当上了西周国师。他大力辅佐周文王姬昌。由于他辅国有方，安民有法，因此文王得辅，国势初定，西周国力日渐昌盛起来。周文王对姜子牙以"尚父"相称，尊为自家老人一般，几乎是言听计从。姜子牙后来辅助周武王，起兵伐纣，统率有道术之士，经过多次血战，终于完成兴周八百载大业。

一粒种子，若落到肥沃的土地上，能得到充分的水分和阳光，就可能长成参天大树。但如果落在贫瘠的土地上，再没有水分和阳光的滋润，就可能先天不足，长得十分弱小。"姜太公钓鱼，愿者上钩"是对姜子牙"钓"的机遇和时势的最好写照。

事物在不同的时间看不同的时势，在不同的地点、地位、位置，也会有不同的位势。对于人来说，时势就如同肥沃的土地和阳光水分一样。古人讲："良禽择木而栖，良臣择主而侍。"一个人要想充分发挥才干，就要选择或把握时势。总之一条：要强化自身，形成强大的势能，才是调整位势的上上之策。

姜子牙根据形势而调整出来了对策，是对己，他因此走向了开创伟业之途。

再说到周公，他调整的对策，则是对人对事。周公是中国古代杰出的政治家，周文王的第四个儿子、周武王的弟弟、周成王的叔叔。他曾先后两次辅佐周武王东伐纣王，并制作礼乐，大治天下。因其采邑在周，即今陕西岐山东北，爵为上公，故称周公。

周文王在世时，周公就很孝顺、仁爱，行动从不敢自主，规规矩矩，做事向来不敢自专。他在父亲面前，尽行儿子之道。与此同时，辅佐武王伐纣，被封于鲁。

但周公并没有到自己的封国去，而是留了下来辅佐武王。

武王死后，成王继位。当时成王还是个十多岁的小孩子。而当时的形势迫切需要一位既有才干又有威望、能及时处理问题的人来应付复杂的局面，这个责任便落到周公肩上。周公摄政，顺理成章，理所当然。然而受封在东方监视武庚的管叔和蔡叔，对周公摄政很不满意。按照兄弟间排行，管叔行三，周公排四，管叔是兄，周公是弟，不论是继位，还是摄政，管叔都比周公有优先权。所以管叔不服。蔡叔虽然行五，但他的态度是支持管叔。他们散布谣言，说周公"将不利于孺子（成王）"，想谋害成王，篡夺他的王位。

灭商后的第三年，管叔、蔡叔鼓动下的商朝旧势力发动叛乱。响应的有东方的徐、奄、淮夷等几十个原来同殷商关系密切的大小方国。周王室处于风雨飘摇之中。

周公临危不乱。他首先稳定内部，保持团结，说服太公望和召公。他说："我之所以不回避困难而主持政务，是担心天下背叛周朝。否则我无颜回报太王、季王、文王。三王忧劳天下已经很久了，而今才有所成就。武王过早地离开了我们，成王又如此年幼，我是为了成就周王朝才这么做的。"

周公统一了内部意见之后，于第二年举行东征，讨伐管、蔡、武庚的叛乱。出征前进行了占卜，他说："殷人刚刚恢复了一点儿力量，就想乘着我们内部混乱，起来造反。重新夺回他们已经失掉的权位，妄图再让我们成为他们的属国。这是白日做梦！我告诉大家，殷人里头有一伙人，愿意出来帮助我们，有了他们的帮助，我们一定能够平定叛乱，一定能保住文王和武王的功业。"又说："我们小小的周邦，是靠了上天的保佑才兴盛起来的，我们承受的是天命。为了这次出征，我又占卜一次，"此表明，上天又要来帮助我们了，这是上天显示的威严，谁都不能违抗，你们应该顺从天意，帮助我成就这个伟大的事业！"大家听了，众志成城，随同周公一起东征。

周公东征持续了三年，终于平定了管叔、蔡叔、武庚联合的武装叛乱，粉碎了以武庚为首的复辟阴谋，把周朝的统治地区延伸到东部沿海地区。

后来，当东都洛邑建成时，周公的礼乐也制成。这时成王已经长大，周公便把政权交给成王，自己退居辅佐地位。周成王迁都洛邑后，周公召集天下诸侯举行盛大庆典。在新都正式册封天下诸侯，并且宣布各项典章制度，也就是所说的"制礼作乐"。

周成王执政后，周公担心成王年少，贪图安逸，便写了一篇《无逸》，劝勉成王：要懂得勤劳辛苦的好处，不要一味贪图享受。要学习商代几个贤王和周文王的榜样，爱护百姓，励精图治，以便长久地享有王位。他谆谆告诫成王，要成为一个有作为的国君，要像文王那样礼贤下士，治理好国家。

成王执政后，按照周公制定的典章制度治理国家，重视农业和手工业的发展，并在中原和沿海地区进行贸易活动，使商业走向发达。成王执政37年，继位的康王执政26年，出现了"成康之治"的繁荣景象，这是我国奴隶制发展的鼎盛时期。

为人处世，贵有自知之明。聪明的人，总是能看准形势，时时刻刻都能很好地把握自己在社会中所处的位置。人的一生是复杂多变的，人之于世，往往要扮演多个角色，在不同的场合、不同的历史阶段、与不同的人相处，都在经历着完全不同的人生体验。

如果用一个框框待人处世，将会四处碰壁。应区分不同情况，采取不同的办法。正如人与人有所不同，事与事有所差异，时与时又有先后。因此，对人对事对时不能一样对待，必须因人因事因时而采取不同的对策。

大智若愚，做个"糊涂"的人

　　大智若愚的人，憨厚敦和，平易近人，虚怀若谷，不露锋芒，甚至有点木讷，有点迟钝，有点迂腐。大智若愚的人，宠辱不惊，遇乱不躁，看透而不说透，知根却不亮底。大智若愚的人，大智在内，若愚在外，将才华隐藏很深，给人一副混沌糊涂的样子，实际上，他们用的是心功。

　　大智若愚是基于东方传统文化而催生的一种智慧人生境界，真正做到不显山不露水，无欲无求的人生态度。达此境界者，退可独善其身，进可兼济天下。

　　不可否认，愚、拙、屈、讷都给人以消极、低下、委屈、无能的感觉，使人放弃戒惧或者与之竞争的心理。但愚、拙、屈、讷却是人为营造的迷惑外界的假象，目的是为了减少外界的压力，或使对方降低对自己的要求。如果要克敌制胜，那么可以在不受干扰、不被戒惧的条件下，暗中积极准备、以奇制胜，以有备胜无备；如果意图在于获得外界的赏识，愚钝的外表可以降低外界对自己的期待，而实际的表现却又超出外界对自己的期待，这样的智慧表现就能格外出其不意，引人重视。"大智若愚"是在平凡中表现不平凡，在消极中表现积极，在无备中表现有备，在静中观察动，在暗中分析明，因此它比积极、比有备、比动、比明更具优势，更能保护自己。

　　曾国藩涉足官场较早，对那些结党营私、苟且求生、贪图享乐的庸官俗僚了如指掌，他想做点利国利民的事情，但也不想得罪他人，以免招来闲话和灾祸。特别是清王室对汉人有着强烈的排挤，使得他不得不小心翼翼、唯恐不测。曾国藩才华不及当时的左宗棠、李鸿章，他前期在与捻军、太平军抵抗中，大都以失败而告终，甚至曾想过自杀。

正是这样，他把自己看成是愚鲁笨拙之人，以"勤奋"修身、处事，加上他坚忍不拔、遇挫弥坚的精神，不已物喜、不以己悲的胸襟，严于律己、自强不息的个性，最终成就了他那个时代无人能及的功绩。从这一点来看，他的智商和情商都算是超常的。他自称"愚拙"，不事张扬，甚至不与朝中贵人交往，其实是一种子自身保护。他一个汉人能在满人掌政时期"出人头地"，而没被"枪打出头鸟"，算是一种"大智若愚"的典范。

大智若愚在生活当中的表现是不处处显示自己的聪明，做人低调，从来不向人夸耀自己、抬高自己，而做人原则是厚积薄发、宁静致远，注重自身修为、层次和素质的提高，对于很多事情持大度开放的态度，有着海纳百川的境界和强者求己的心态，从来没有太多的抱怨，能够真心实在地踏实做事，对于很多事情要求不高，只求自己能够不断得到积累。

很多时候，大智若愚伴随的还有大器晚成，毕竟大智若愚要求的是不断积累自己，就像玉坯不断积累一样，多年的积累所铸就的往往是绝代珍品，出世的时候由于体积太大而需要精雕细琢，而不像外智那般的小玉一样几下子就可以雕琢出来，马上能够拿到市场卖个好价钱，然而，值得一提的是，大器晚成之后又往往都是无价之宝。

萧何是刘邦的第一功臣，在汉高祖开创西汉王朝的大业中，萧何忠贞不贰地追随刘邦：他在丰沛起义中首任沛丞，刘邦屈就汉王时任汉丞；西汉建国以后，他任汉皇朝的丞相，并享有"带剑上殿，入朝不趋"的特权；在近三年的反秦战争中，他赞襄帷幄，筹措军需，直到打下咸阳进入汉中；在四年之久的楚汉战争中，萧何在后方精心经营，保证了兵源和军需的充足供应。

总之，危难关头，他多次力挽狂澜，使刘邦绝处逢生，其中脍炙人口的故事有 "咸阳清收丞相府" "力谏刘邦就汉王" "收用巴蜀，还定三秦" "月下追韩信" "制定九章律" "诱捕淮阴"等。萧何以其超人的智慧、胸襟和气魄为西汉王朝的创建和稳固建立了不朽的功勋。

汉朝建国以后，刘邦的江山渐渐稳定了，事过境迁，而萧何的功劳有那么大，刘邦对他自然会猜忌和怀疑。汉十二年初萧何看到长安周围人多地少，就请求刘邦把上林苑中的空闲土地交给无地或少地的农民耕种。本来利国利民的一件小事，不料使刘邦龙颜大怒，以受人钱财为由，将萧何关进大牢。困惑莫名的老丞相，出了监牢，才明白自己犯了"自媚于民"的错误。淮南王英布造反，刘邦御驾亲征，萧何留守京城。

战争中，刘邦不断派使者回来，回来一次就一定要去见萧何，问候萧何。萧何的幕僚警告他："君灭族不远矣"。萧何一听此言，如五雷轰顶，方明白自己已有了功高盖主之嫌，再继续做收揽民心的事情就必然引起皇帝的疑心，招来杀身之祸。于是，他就利用权势以极低的价格强买民田民宅，激起民怨。终于使刘邦将他看作为子孙谋利，胸无大志的人物。刘邦回到京城，收到了一大堆平民百姓告萧何的状子，然后对萧何放心了许多。

纵观萧何的一生，他大智若愚、忍辱负重，任劳任怨，克勤克俭，安抚天下，用心之良苦，鲜有与之比肩者。

苏轼在《贺欧阳少师致仕启》中说："力辞于未及之年，退托以不能而止，大勇若怯，大智若愚。"唐代的李贽也有类似观点："盖众川合流，务俗以成其大；土石并砌，务以实其坚。是故大智若愚焉耳。"中国古代的道家和儒家都主张"大智若愚"，而且要"守愚"。这都是在告诉我们要虚怀若谷、深藏不露，低调做人，不要处处显示自己的聪明，不要向人炫耀自己、抬高自己，否则会引来嫉妒、排挤甚至杀身之祸。

要能装会演，谨慎本色演出

人们常说：傻人有傻命。为什么呢？因为人们一般懒得和傻人计较——和傻人计较的话自己岂不也成了傻人？也不屑和傻人争夺什么——赢了傻人也不是一件什么光彩的事情。相反，为了显示自己比傻人要高明，人们往往乐意关照傻人。因此，傻人也就有了傻命。

美国第九届总统威廉·亨利·哈里逊出生在一个小镇上，他儿时是一个很文静又怕羞的老实人，以至于人们都把他看成傻瓜，常喜欢捉弄他。他们经常把一枚五分硬币和一枚一角的硬币扔在他的面前，让他任意捡一个，威廉总是捡那个五分的，于是大家都嬉笑他。

有一天一位可怜他的好心人问他："难道你不知道一角要比五分值钱吗？"

"当然知道，"威廉慢条斯理地说："不过，如果我捡了那一个一角的，恐怕他们就再没有兴趣扔钱给我了。"

你说他傻吗？

《红楼梦》中的另一主要人物薛宝钗，其待人接物极有讲究。元春省亲与众人共叙同乐之时，制一灯谜，令宝玉及众裙钗粉黛们去猜。黛玉、湘云一干人等一睛就中，眉宇之间甚为不屑，而宝钗对这"并无甚新奇""一见就猜着"的谜语，却"口中少不得称赞，只说难猜，故意寻思"。有专家们一语破"的"：此谓之"装愚守拙"，因其颇合贾府当权者"女子无才便是德"之训，实为"好风凭借力，送我上青云"之高招。这女子，实在是一等一的装傻高手。

真正的聪明人在适当的时候会装装傻。明朝时，况钟从郎中一职转任苏州知府。新官上任，况钟并没有急着烧所谓的三把火。他假装对政务一窍不通，凡事问这问那，瞻前顾后。府里的小吏手里拿着公文，围在况钟身边请他批示，况钟佯装不知所措，低声询问小吏如何批示为好，并一切听从下属们的意见行事。这样一来，一些官吏乐得手舞足蹈，都说碰上了一个傻上司。过了三天，况钟召集知府全部官员开会。会上，况钟一改往日愚笨懦弱之态，大声责骂几个官吏：某某事可行，你却阻止我；某某事不可行，你又怂恿我。骂过之后，况钟命左右将几个奸佞官吏捆绑起来一顿狠揍，之后将他们逐出府门。

"装傻"看似愚笨，实则聪明。人立身处事，不矜功自夸，可以很好地保护自己。即所谓"藏巧守拙，用晦如明。"

"愚不可及"这句话已经成为生活中的常用语，用来形容一个人傻到了无以复加的程度。但要是查一下出典，此话最早还出于孔子之口，原先并不带贬义，反而是一种赞扬："子曰：'宁武子，邦有道则知，邦无道则愚。其知可及也，其愚不可及也。'"（《论语·公冶长》）

宁武子是春秋时代卫国有名的大夫，姓宁，名俞，武是他的谥号。宁武子经历了卫国两代的变动，由卫文公到卫成公，两个朝代国家局势完全不同，他却安然做了两朝元老。卫文公时，国家安定，政治清平，他把自己的才智能力全都发挥了出来，是个智者。

到卫成公时，政治黑暗，社会动乱，情况险恶，他仍然在朝做官，却表现得十分愚蠢鲁钝，好像什么都不懂。但就在这愚笨外表的掩饰下，他还为国家作了不少事情。所以，孔子对他评价很高，说他那种聪明的表现别人还做得到，而他在乱世中为人处世的那种包藏机心的愚笨表现，则是别人所学不来的。其实，真正学不到的是宁武子的那种不惜装傻以利国利民的情操。

在我们的周围，总发现有些人处处喜欢表现自己。固然，爱表现自己没有错，但在有些场合下，这却是一个缺失，会把某些关系搞糟，会把某些事情搞坏。比如，你的领导在场的场合里，一旦遇有困难或问题需要解决，只要不是领导点名让你谈看法、拿意见，一般来说，你切不可唐突发言满怀自信地谈你的看法，并提出处理意见。

因为很多情况下，领导需要维护自己的面子、需要体现出自己的高明，所以，你最好装傻，多分析问题，而把解决问题的点子让给领导，其结果是：问题解决了，也体现了领导的高明。那么，久而久之，你的领导一定喜欢和你一起共事，也会渐渐地欣赏你。反之，遇事总显得你比领导高明，那么领导的面子往那里放？若是让领导觉得你挡光，他还会把你放在前台吗？

装傻是一种大智慧、大谋略。懂得装聋作哑的人，要少惹多少是非啊。

眼睛别太亮，要学会装"瞎"

人生在世，烦恼多过发丝。而这些烦恼，不少是源于"看"——看到同事对上级的谄媚，看到妻子对家务的敷衍，看到朋友在背后耍小聪明……"我"看见了，看清了，心理上自然有了抵触与愤怒，行为上也很难抑制住对那些"不良"行为的讨伐。可以想象，这种状态下与同事、妻子、朋友之间的关系难免会紧张。

有些人在陷入人际关系不和谐的泥潭时，会尝试控制自己对"不良"行为的讨伐，试图以此营造与外界和谐的美好氛围。但这样做的结果只有两个。其一，为了维持表面的和谐，"我"陷入压抑与克制自己真实内心之苦闷中，明明自己看不惯，还要假装自己看得惯，不是委屈自己吗？其二，当压抑与克制到难以克制时，"我"会突然猛烈爆发，结果闹出更大的不快。

古人云：甘瓜苦蒂，物不全美。又云：金无足赤，人无完人。俄国哲学家、作家车尔尼雪夫斯基有一句名言："既然太阳上也有黑子，人世间的事情就更不可能没有缺陷。"即使是太阳下也有阴暗的角落，人身边的世界不可能总是那么干净亮堂？梦中的情人也许会很完美，现实中的爱人却多少有些缺陷或者缺点；广告中的商品也许会很完美，真正用起来却往往不尽人意。四大美女够完美了吧，但据有关史料表明：有"沉鱼"之美的西施耳朵比较小，有"落雁"之姿的王昭君的脚背肥厚了些，有"闭月"之颜的貂蝉有点体味，有"羞花"之容的杨玉环略胖了些……你要是看得太清楚了，岂不是一件大煞风景的蠢事？

在《红楼梦》中，贾雨村进入智通寺时，在门前看到一副破旧对联：身后有余忘缩手，眼前无路想回头。这无疑是一句睿智的醒世良言，想必寺里住着的是一个"翻过筋斗来的"明白人，可当贾雨村进寺门后，他看到的不是一个容貌端详、白须飘飘、言语睿智的高僧，而是一个"既聋且昏，齿落舌钝，所答非所问"的煮饭老僧。这个老僧看上去是个明显的糊涂之人。这时候，还真不知道哪个是明白者，哪个是糊涂人。

其实，世道之中，谁又能分得清哪个是明白，哪个是糊涂？

雾里看花最美丽。事事要看得清清楚楚是一件痛苦的事，它就像是毒害我们心灵的毒药。因为这个世界本来是以缺陷的形式呈现给我们的，过去不是、现在不是、将来也不是。我们如果事事清楚明白，那无疑是自讨苦吃。

台湾著名女作家罗兰认为：当一个人碰到感情和理智交战的时候，常会发现越是清醒，就越是痛苦。因此，有时候对于一些人和事"真是不如干脆糊涂一点好"。人生在世，数十寒暑，不过弹指一挥间，所有生命都无一例外，既短暂又宝贵，却仍有许许多多的人，活得无聊，活得烦恼。

我们的先哲认为混沌就是世界的本源，鸿蒙之初无所谓天与地，亦无所谓有真假。现代科学也认为，最初的地球上没有空气与生命，最原始的生命体在雷电中产生，在海洋中生存发展，尔后才进化成现在这样的大千世界。可见，天道人事，从终极意义而言，无不归于混沌，归于糊涂。

Chapter 04 第四章

说话有分寸，
要句句带余地

> 说话需要把握分寸，分寸就是尺度，分寸就是标准，分寸就是原则，分寸就是情商。高效能说话，要避免做过头事，说过头话，即便开玩笑话也需要掌握适当的分寸。在不同的场合，面对不同的人，说话要拿捏好火候，该进则进，该退则退，才能上下通融，做一个受人欢迎的人。

话不能急说，想好了再开口

一个冷静倾听的人，不但到处受人欢迎，而且会知道许多事情。如果口无遮拦，只会招来别人的忌恨。下面我们来看一下张小姐的故事：

张小姐是出版社的助理编辑，她文笔不错，学习热情高，因此刚进出版社不久，各项业务已摸得一清二楚。

有一次，社长召集大家开会，轮到张小姐发言时，她提出印刷品质不好及成本太高的问题，并说假如能降低百分之三的成本，每个月就能省下十来万。张小姐的意见并没有错，社长对她的报告没有发表任何意见，但从这一天开始，张小姐开始感受到负责印务的同事对她不友善了。其实，错就错在不该由她来发表意见。

编辑负责人理应对书的印刷品质表示意见，因为品质不佳会影响销路，编辑部门也难逃被检讨的命运。但张小姐只是一名协助编辑业务的人员，年纪轻、职位低、资历浅，在公开会上批评其他部门所负责的工作，本来就有越权之嫌。况且，任何人都不喜欢被批评，尤其是在公众场合，因为一则有伤"自尊"，再则任何批评检讨都会引起旁人的联想与断章取义的误解，总之，是带有伤害性的一件事。

因此，被主管或同部门的同仁批评，心里也会很不是味道，若被不同部门的人批评，简直是在指责他玩忽职守，心里的不快可想而知。张小姐的批评，狠狠地踢了印务部门一脚，他们不"记在心里"才怪！有些主管会对张小姐这种做法抱着沉默态度不处理，也不劝诫当事人"少开口"，目的是在利用矛盾，让他们相互"制衡"。张小姐未明此点，而主管又没有因为她的忠诚而刻意保护她。所以她被牺牲了。

　　年轻人纯真、热情、有正义感，最容易犯张小姐的错误，尤其第一个工作，更是"力求表现"。但这种人却常常成为人际斗争的牺牲品，不是自己辞职，就是被孤立。说起来很悲哀，但人的世界就是这样，所以正直的人常有"天地之大，无容我之处"的慨叹。

　　面对张小姐所处的环境，比较好的处理办法是先和同事们建立良好的人际关系，如此可减低"失言"时对自己的冲击。发现不合理的事，与其在会议上提出来，不如私下告知同事，但仅能点到为止，不做深究。而且也应尽量避免和不相干的同事讨论，以免走漏"风声"，让人误会你另有企图。

　　如果你执意要说也无不可，但要有心理准备：这是"开战"。以后还有仗要打，而为了打好这场仗，你就要了解对方的"实力"，包括他的应变及人缘，也评估你自己的力量，包括应变及人脉，并且也要有打败仗辞职的最坏打算因此，老于世故的人总是非常小心，不轻易在言语上得罪人，尤其是"无心之言"，而"有心之言"是"谋定而后动"，为什么而说，如何说以及对方会有什么反应，自己都很清楚。"无心之言"则完全相反，因此常得罪了人自己还不知道。

少做"评论家"，多谈想法

　　有些人，特别是年轻人，对于一切事情总是喜欢发表主张。一般来说，做人应该有独立的主张，这说明你善于观察分析而能有所得，当然是一件可喜的事。但是，你是不是一定要发表它呢？

年轻人都急于表现自己，一有所得就想发表出来。年轻人不懂得这个道理，以为同事都是毫无主张的庸才，只有自己抱有真知灼见，于是在一个团体内，多有主张，结果被采纳的百分比恐怕很低。即使非采取你的意见不可，做上司的，也许会故意加以不重要的改变与补充来表示他的见解，以此高你一等，你也许因此有些不服气，要在背后加以批评，要知道这是你不懂得人情世故的结果。

言语要有价值，必须以行动来支持。只开花不结果的树通常是无心无髓，人要分清哪种树结果实，哪种树只能用来遮阴。

"人微言轻"四个字，你必须记牢，你要忠于自己的本职，少谈主张，多想办法。

但是你的办法是否妥善，也有两种意思，一是办法本身的妥善，二是上司心理上的妥善。不合上司心理的办法，是善而不妥，合于上司心理的办法，才是善而且妥，因此如何揣摩上司心理，这是很要紧的问题。

有的上司喜欢详尽的办法，有的上司喜欢简明的办法，你把详尽的办法给喜欢简明的上司看，这当然不妥；你把简明的办法，给喜欢详尽的上司也是不妥。揣摩的方法如下：

第一、请教老同事，他们能够把经验告诉你，只要你执后辈之礼，他自然肯说的。

第二、两手准备，同时拟就两样办法，一种是详尽的，一种是简明的，一起交给上司，请他选定。经过此次试探，他的心理你明白了，以后可以单做一种办法。经过此次试探，同时使得上司知道你的办法不止一种，他对你的印象格外好些。

第三、有备而来。当你向上司请示"这件事应该如何处理？"时，上司或许会反问你："那么你要怎么处理呢？"当上司这样反问你的时候，你会不知所措，无法回答吗？如果是这样，这就等于没有自己的思考和判断。所以当你要去请示上司时，心里一定要先想好自己要怎么做，然后再去请示主管是否同意你的做法。

在提出你的做法之前，同样地要收集许多正确的情报，然后整理、分析，这样才能获得上司的认可。有时候自己精心想出来的应对方案可能被上司一口回绝，但是千万不可以因自己提的方案很可能被驳回，就依赖上司的判断，自己不动脑筋。无论如何还是要提出自己的方案，把自己的想法整理一下，再和上司的比较看看，就可以看出自己在分析问题的深度和周全性方面。还有哪些不足的地方。

当自己提出的方案和上司的决定有出入时，你只要慢慢去体会上司的思考倾向，久而久之自然能了解上司的想法，下次再遇到同样的问题时，就会考虑得更周到了。这是年轻人磨练实力的最好办法。

另外，有了自己的方案以后，不能就自以为是地把结论丢给上司，而不提供一些正确的情报，也不能任性地觉得只有自己的方法才能解决问题，对于别人的话一概不听。因为最后下判断的还是上司，属下对上司的决定还是得服从的。

在公司里也常会看到一些人，当公司发生一些和自己的工作没直接关系的问题时，就会毫不留情地加以批评，特别是年轻人更容易逞口舌之快。但是，批评不能解决问题。只是一味地批评而没有提出解决方案，是一种不负责任的做法，如果你对这个问题也没有办法解决，那么最好不要乱下批评，虽然并不是每个人都能对问题提出看法，但是只要努力一下，针对事件来观察，就可以发现问题所在了，不过更重要的却是解决问题的能力。

在公司中有一些人员只会对公司的经营方针、管理组织、上司的做法加以批评，而自己却从来没有实际行动，这种人被称为"评论家"，在公司里是最不受欢迎的。因此，不可妄加评论，在发表意见前，要多想办法，少做主张。

话不能言尽，三分足矣

有这样一个小故事：

战国时期，清谈流行，贵族们尤其喜欢品评人物。有人问宰相苏秦：你觉得某某人怎样？苏秦要评论，又停下来看了看这个人，然后对他说："你这个人喜欢传闲话，还是不告诉你为好。"其实，苏秦位高权重，并不怕这个人传闲话，他这样说或许还有告诫的意思，否则，连这句话都不必说，只回答"今天天气哈哈哈……"就够了。

孟子也说："不得其人而言，谓之失言。"对方倘不是相知的人，你也畅所欲言以快一时，对方的反应是如何呢？你说的话，是属于你自己的事，对方愿意听你的吗？彼此关系浅薄，与你深谈，显出你的没有修养；你说的话，若是属于对方的，你不是他的挚友，不配与他深谈，忠言逆耳，显出你的冒昧。所以逢人只说三分话，不是不可说，而是不必说，而是不该说！老于世故的人，是否事事可以对人言是另一问题，他的只说三分话，是不必说和不该说的关系，绝不是不诚实，绝不是狡猾。

对方不是可以尽言的人，你说三分话，已不为少。其他的不是不可说，而是不必说，不该说。俗语说："逢人只说三分话"，还有七分话，不必对人说出。你也许以为大丈夫光明磊落，何必只说三分话呢？细察老于世故的人，的确只说三分话，你一定认为他们是狡猾，是不诚实，而那些老于世故者，却以为说话须看对方是什么女人。对方不是可以尽言的人，你说三分真话，已不为少。

有时你的只说三分话，正是你的服务道德。做保密工作的自不必说；做医生的人，普通的病人，或者可以对人提及，对于患花柳病的病人，你是绝对不该对人提及，这是医生的服务道德；做人事工作的人，掌握工作单位所有人的档案，某某何时得升迁，何时受处分，自然了如指掌，但是决不可随便透露，如果口风不严，就可能授人以柄，陷入麻烦；做银行业务的人，业务大概情形，或者可以对人提及，对于存款人的姓名，你是绝对不该对人提及，这是银行人员的服务道德，依此类推，只说三分话的例子还多着呢。

说话本来有三种限制，一是人，二是时，三是地。非其人不必说，非其时，虽得其人，也不必说，得其人，得其时，而非其地，仍是不必说！非其人，你说三分真话，已是太多；得其人，而非其时，你说三分话，是给他一个暗示，看看他的反应；得其人，得其时，而非其他，你说三分话，正是为了引起他的注意，如有必要，不妨择地作长谈，这叫作通达世故的人。

杯子留有空间就不会因加进其他液体而溢出来，气球留有空间便不会因再灌一些空气而爆炸，人说话留有空间，便不会因为"意外"出现而下不了台，因而可以从容转身。所以，很多人在面对记者的询问时，都偏爱用这些字眼，诸如：可能、尽量、或许、研究、考虑、评估、征询各方意见等。这些都不是肯定的字眼，他们之所以如此，就是为了留一点空间好容纳"意外"，否则一下子把自己说死了，结果事与愿违，那不是很难堪吗？

例如，某项工作有相当的困难，老板将此事交于一位下属，问他："有没有问题？"他拍着胸脯回答说："没问题，放心吧！"过了三天，没有任何动静。老板问他进度如何，他才老实说："有些困难！"虽然老板同意他继续努力，但对他的拍胸脯已有反感。又如，还有一位老兄和同事有不愉快，他向他同事说："从今天起，我们断绝所有关系，彼此一刀两断！"说完话还不到两个月，二人又形影不离的。

这都是把话说得太满而搬起石头砸自己脚的例子。把话说得太满就像把杯子倒满了水，再也滴不进一滴水，再滴就溢出来了；也像把气球灌满了气，再也灌不进一丝的空气，再灌就要爆炸了。当然，也有人话说得很满，而且也做得到。不过凡事总有意外，使得事情产生变化，而这些意外并不是人能预料的，话不要说得太满，就是为了容纳这个"意外"，所以说话时应该注意：

（1）在做事方面：对别人的请托可以答应接受，但不要"保证"，应代以"我尽量，我试试看"的字眼。上级交办的事当然接受，但不要说"保证没问题"，应代以"应该没问题，我全力以赴"之类的字眼。这是为了万一自己做不到所留的后路，而这样说事实上也无损你的诚意，反而更显出你的谨慎，别人会因此而更加信赖你，即便事没做好，也不会责怪你！

（2）在做人方面：与人交恶，不要口出恶言，更不要说出"誓不两立"之类的话，不管谁对谁错，最好是闭口不言，以便他日需要携手合作时还有"面子"。对人不要太早下评断，像"这个人完蛋了""这个人一辈子没出息"之类属于盖棺定论的话最好不要说，人一辈子很长，变化很多呢！也不要一下子评断"这个人前途无量"或"这个人能力高强"；足球名宿贝利对世界杯的预言被各大媒体当作笑话，他也因此背上了"乌鸦嘴"的恶名，原因很简单，他自以为是直截了当的预测把他推上了绝境，以至于2002年世界杯巴西队有望夺冠之时，他也三缄其口，生怕自己大嘴一张带走了巴西队的好运气。

说话不留余地等于不留退路，要么成功，要么失败的简单逻辑不适合复杂多变的社会。为此付出的代价有时是你无法承受的，与其与自己较劲，还不如多用"是……不过……如果"之类的话语方式。

当然，把话说满有时也有实际的需要，但除非必要，还是保留一点空间的好，既不得罪人，也不会使自己陷入困境。总之，学学新闻发言人，多用中性的、不确定的词句就对了！用不确定的词句一般都可以降低人们的期望值，你若不能顺利地完成任务，人们因对你期望不高而能用谅解来代替不满，有时他们还会因此而看到你的努力，不会全部抹煞你的成绩；你若能出色地完成任务，他们往往喜出望外，这种增值的喜悦会给你带来很多好处。

"月满则亏，水满则溢"。为人处事更不可把自己逼进死胡同，所以，精明之人总是寻求一条安全的路线。

闭上嘴，别怕当哑巴

美国的艺术家安迪渥荷曾经告诉他的朋友说："我自从学会闭上嘴巴后，获得了更多的威望和影响力。"

所以在研究说话这门艺术的时候，第一要先学会"少说话"。

你也许会反驳："既然人人要学少说话，那么，说话术就不必细研究了。"其实不然，少说话固然是美德，但人们既然生活在现实社会中，只能"少说"而不是完全不说。既要说话，又要说得少，且说得好，这才是好口才。

首先，言多必失。说得越多，越显得平庸，说出蠢话或危险的话的几率就越大。

马西尔斯是古罗马时代一名战功赫赫的英雄，他以战神科里奥拉努斯之名而闻名于世。公元前454年，科里奥拉努斯打算竞选最高层的执政官来拓展自己的名望，从而进入政界。

在投票日来临的前夕，科里奥拉努斯在所有元老和贵族们的陪同下，走进了会议厅。当科里奥拉努斯发言时，内容绝大部分是说给那些陪他来的富人听的。他不但傲慢地宣称自己注定会当选，而且大肆吹嘘自己的战功。他甚至无理地指责对手，还说了一些讨好贵族的无聊笑话。

他的第二次演说迅速传遍了罗马，人们纷纷改变了投票意愿。

　　科里奥拉努斯败选之后，心怀不甘地重返战场，他发誓要报复那些反对他的平民百姓。

　　几个星期之后，元老院针对一批运抵罗马的物品是否免费发放给百姓这个议题进行投票，科里奥拉努斯参加了讨论，他发表意见，认为发放粮食会给城市带来不利影响，使得这一议题未通过。接着他又谴责民主的要领，倡议取消平民代表，将统治权交还给贵族。

　　科里奥拉努斯的最新言论令平民们愤怒不已。人们成群结队地赶到元老院前，要求科里奥拉努斯出来与他们对质，却遭到了他的拒绝。于是全城爆发暴动，元老院迫于压力，终于投票赞成发放物品，但是老百姓仍然要求科里奥拉努斯得公开道歉，才允许他重返战场。

　　于是科里奥拉努斯只好出现在群众面前，一开始他的发言缓慢而柔和，然而没过多久，他变得越来越粗鲁，甚至口出恶言侮辱民众！他说的越多，民众就越愤怒。他们的大声抗议，使他无法继续发言。护民官商议判处他死刑，命令治安长官立即拘捕他，送到塔匹亚岩顶端丢掷下去。后来在贵族的干预下，他被判决终生放逐。人们得知这一消息后，纷纷走上街头欢呼庆祝。

　　如果科里奥拉努斯不那么多言，也就不会冒犯民众；如果在败选后他仍能检讨选举失利的因素，其实他依然还有机会被推举为执政官。可惜他无法控制自己的言论，最终自食其果。

　　其次，不知内情，更不应该胡言乱语。

　　世界上没有十全十美的人，不可随随便便说人家的短处，或揭露别人的隐私。首先你要明白，你所知道关于别人的事情不见得可靠，也许另外还有许多苦衷并非是你所能明白的。你若贸然把你所听到的片面之言宣扬出去，不免颠倒是非，混淆黑白。而话说出去就收不回来，事后当你完全明白了真相时，你还能更正吗？

在当今社会中，人人都有发表意见的权利和义务，遇到该提出自己的看法时却不言语，只是默默让自己的权益受到侵害，并非聪明之举。慎言是帮助你能在说话时三思。并非完全不说话，即使是想保护自己，发表意见时避免遭致难堪，也该有一番说话智慧，该说的时候不说，不该说的时候又说了一大堆，都不是好的说话方法。所以，一句在适当时机、对适当对象所说的好话，都是靠日积月累的经验。需要不断磨练，说话的智慧才会高人一等。记得先学会少说话，说话前要三思，谨言慎行，这是学习把话说好的三个主要步骤。

在办公室多听少说为妙

人与人之间相处，最忌交浅言深，这种情形如果发生在办公室，它所造成的负面影响不能忽略。

你刚到一个新的工作环境，同事对你表示友善而欢迎的态度，大家一起出外午餐，有说有笑，无所不谈。但其中一名同事可能跟你最谈得来，乐意把公司的种种问题以及每一位同事的性格尽诉。你本来对公司的人事一无所知，自然也很珍惜这样一位"知无不言，言无不尽"的同事，彼此谈得相当投机。你开始减低自己的防卫，看到什么不顺眼、不服气的事情，也与这位同事倾吐，甚至批评其他同事不是之处，借以发泄心中的闷气。

如果对方永远是你的忠心支持者，问题自然不大。但你了解这位同事有多少？要知道"说是非者，是非之人"。你怎么知道你与对方不过数月的交情，比他与其他同事的感情来得深厚？为逞一时口舌之快，你把不该说的说出来，对方手上便有了一张王牌，随时随地都可以把你曾批评过其他同事的话公之于众，那时你在公司还有立足之地吗？

同级的行政人员，常会聚在一起谈论公事。当某主管欲提升下属向你征询意见时，请三思而后言，因为你的表现可以反映你的形象。

若你对此人根本没有好感，索性说："我不会推荐他！"但不必详加解释，指出你为何不喜欢他，或他过去有什么叫人不满的地方。总之，无论是你体验过的，或道听途说的，都不必再提。重点只是，你相信他不能胜任新职，所以不便推荐。

如果你觉得这位职员十分突出，"他是个很好的助手"这类评语太空泛了，同事会认为你不够细心。应该列出一些特别例子以加强分量，这样才显出你的观察力过人。例如说："他往往能和不同类型的顾客保持良好的合作关系。"将来这人在适当的职位上表现出色，那么你的声誉同样会提升。

要是你认为此人颇为能干，但有些方面仍不足时，可以有所保留地说："我跟他接触不多，不好妄下评论啊。"这样，你并没有说他不能任新职，但如果以后他表现叫人失望，也与你无关。

"言多必失"，有时表现为不顾后果的颐指气使。有些人习惯了以"恶人"姿态出现。很多人对这类人会抱有戒心。或许，你曾见过这样的例子：某人在开会时，疾言厉色，令在场诸人包括老板都不敢多哼一句，结果他获得了全面的胜利。

然而，这些例子多有其背后的因素，如他早已挣得一定地位。在这件事情上，有绝对把握，加上其他人等本身完全没有支持力，才会有如此一面倒的情况。又或者，某些行业确实需要一定的"暴力"。

然而，一般的情况是，表现粗暴与否，除看环境外，这种表现，同时是在向人表示，你是失去了自我控制。同时向老板、上司、同事们咆哮，是永远不会被原谅的，只会造成仇恨。

还有，你永远没法知道将来自己会依靠哪一个人，因一时脾气而开罪人家，大有可能有"报应"！

"言多必失"有时又表现为不负责的传播谣言或小道消息。办公室里，有人特别喜欢向你倾诉心事。可是，知道别人太多的私事，却不是好事。尤其是在办公室里，更有可能平白给自己惹来麻烦，甚至埋下定时炸弹。

同事间因为夹杂了利害关系、人事关系，今天的好搭档，明天却有可能变成对手。所以为了保护自己，最好别轻易将感情放到同事身上，只要合乎礼貌，一般的人情就可以了。下一回，当某同事向你诉苦，不妨改变一下态度。依然关心对方，但不要单独关心。即是说对方找着你，你明知他有大量"苦水"，可以多邀一位同事一起去开导他。

对方讲的是私事，倒不妨客观地给他分析，但提意见时请避重就轻。"我以为这件事不一定是好事，但我的意见并不全面，奉劝你重新将整件事分析，再决定对策。"若对方烦的是公事，那么你只宜当听众了，以免卷入无谓的漩涡。

在许多时候，你一时口快，或者误以为对方早已知晓，总之是无心之失，将有关某同事的小秘密泄露了出来，怎么办？

例如，你与张三吃午饭，张三明明与李四表面上很友好，所以你以为对方一定对李四之事了如指掌，于是说话随便得很。你问："李四那天碰钉子，真是倒霉！"对方瞪着双眼反问："究竟发生了什么事呢？"当下，你明白碰钉子的是你自己，如何"补救"？

你可以这样答复对方的问题："我是说李四那天迟到却碰巧遇到上司罢了。"随便找一个小事谈谈，装作一派漫不经心，然后快快另找一个话题，将对方的注意力分散。

这种错误，其实只有你自己知晓，所以没有慌乱的必要。装作无知，摆明你是什么也不知道的。这样，即使事情搞大了，起码泄漏的人不是你！当然你更万万不该自动向当事人谢罪。

在很多情况下，你只应该做个听众。如你的两位好同事由亲密恋人宣告分道扬镳，而他俩又分别向你诉苦，数落对方的不是。本来，别人的情史跟你无关，但碍于同事一场，你是没有理由掩耳跑开的。其实，做个听众倒是不妨的，只是最好别做唯一的听众，因为容易陷自己于困境。总之，保持距离乃是上上之策。不参加意见，也不费神去理解，对你有益无害。

祸从口出，保持良好的自我控制能力，不管是处于大顺之时还是大逆之际，不要开口乱说，因为"言多必失"。

谈话时不要找人的缺点

谈话时不要找人的缺点，不过这实在有些困难，因为大部分的人对批评他人的缺点是很有兴趣的。谈论不在的第三者时，如果你在言辞上特别注意．而且闪烁不定，反而会被误会你居心不良，什么话也不敢再对你讲。以自然的态度，巧妙地避免附和，这样才是最聪明的办法。

其实，应该尽量避免评论第三者，何况背后议论人实在有失修养。一般人一聊起来就忙不迭地说某人如何，公司主管怎么无聊等等，我们经常警告自己说"严以律己，宽以待人。"

如果能如此，很多事也不会变得那么严重。即使做评论时，也要尽量克制，别人的缺点只讲三成，点到就好。

本来，人类的优缺点是并存的，神经质的人也可以说是细心的表现；而亲切的人竟也有人用优柔寡断来批评。优缺点，在不同的情况下是有所改变的，对这件事他的处理可能是亲切然而碰上一件需要果断处理的事，他可能就变成优柔寡断了。因此评论他人时，怎么能忽视优点，尽挑缺点讲呢?

如果有人问你："小李，我觉得小陈很傲慢，你认为呢？"如果你轻率地回答："嗯，我也有这种感觉。"那可就不妙了。这种人通常容易被戏称为"应声虫"。因为对方很有可能又跑到小陈那去告诉他："小陈，小李说你这人很傲慢!"甚至还添油加醋，最后，彼此关系将变得很坏。

这种事情，在我们身边的例子很多，自古以来就有这么一句话："话越传越多，东西越传越少。"尤其是当对方大肆议论某一位第三者时，最好不要插嘴，因为你不了解事实真相，随声附和，于事无补，许多事情并不是你附和他几句他就能消气，或者对你感谢万分的。

当谈话时，如果出现这种话题，虽然听者很不自然，但也许朋友只是发泄而已，你不必肯定或否定地回答他，把这些当作耳边风就算了。

但有时也有例外，尤其是在女性面前，千万不要赞美其他女性。

"女性的敌人是女性"，某位心理学家这样讲。根据研究，女性通常比较敏感。有一所女子中学新来了一位年轻有朝气的男老师，他在上课时，因为习惯每次在讲课时，会暂时站在教室的某一处。结果有几次，他刚好停在某一女学生旁边，于是这位女学生以为老师对她有意思，搞到后来这位男老师要不就站在讲台上讲课，要不就不停地走，不敢随便停下来。一学期之后，这位男老师便受不了精神压力辞职了。

有些年轻的女学生爱幻想，对一件事容易一厢情愿地掉人幻境中。尤其一位羡慕已久的男老师接二连三地站在自己旁边，难免会自己织出一张网把老师和自己织进去。有时候你和女朋友逛街，你看到一位非常漂亮的女孩子走过，于是赞美地说："好漂亮的女孩子!"通常她们的反应有一半是"那么你跟她去逛街好了。"因为赞美第三者，让她觉得间接批评自己。

讲话要注意"七疑八忌"

说出去的话就如泼出的水，出口容易，但收回却不大可能。说话如写电报，言词在精而不在多。

说话技术与你一生沉浮荣辱有莫大关系，因此有必要了解说话的七疑八忌：

第一种疑心是你同对方议论某种问题，因为还未能明白他的见解与意向，于是笼而统之，述其大端，以观他的反应，在你不失未透，一得之论，无当于事，庸碌如此，浅陋如此，还须再读十年书，何必妄论天下事。

第二种疑心是如果你对于某种问题，自信确有心得，对他畅论一切，旁征博引，不厌其详，你以为可以表现你的学问，引起他的注意，谁知他却以为你是所得芜杂，并无独到之处，至多不过是卖弄学识，哗众取宠。

第三种疑心是说话应仔细斟酌，不该说却率性而言，有时反而引起对方的疑心。你同对方议论他的雇员，你以为是一番好意，其实你已犯了"新间旧，下犯上"的毛病。话虽不错，他却以为你是有意离间，有意挑起争端，破坏他们的团结，从此对你发生极大的怀疑，心中不愉快，甚或格外与你疏远。

第四种疑心是你同对方议论他的两个职员，说A的优点是什么，缺点是什么，B的行为如何，品质如何，能力如何，你的话也许说得不错，而他却以为你是有意打探他的反应，获得一些表示，以此告知他们，使他们知道你与他可以无话不谈，因以提高你的身份，不然何必那么喋喋不休。

第五种疑心是你同对方议论他手下的憎厌分子，当然你的说话是一种持乎之论，他们的所长所短，双方面都加以评价，意在减低他的憎厌心，使他知道憎厌的人也有长处可取。"君子成人之美，不成人之恶"，你的用心无可厚非，他却以为你是有意刺探他含怒的原因，以及含怒的深浅，完全是结党营私。

第六种疑心是你同对方议论他手下的亲信，当然你的说话是着重于他们的特点及长处，决不会攻其所短，论理正投他所好，一定乐于接受，谁知他的反应，恰恰相反。虽然你的话句句与他所知相合，他并不以为你真能认识他的所爱，以为你是借此为见知的引线，妄想加入他们的群体，彼此结成一体。

第七种疑心是你同对方议论某种问题，为了各种顾忌，只谈原则，不论事实，略示诚意，你以为巧妙，他却以为你是畏首畏尾，不敢直说，顾忌太多，安能办事？

第一忌：他做的事，别有用心，他极力掩蔽，不为人知。你对他的用心甚是清楚，他虽不能断定你一定明白，终是对你十分猜疑。你便进退维谷，既无法对他表明一无所知，也无法表明绝对保密，那你将如何自处呢？你唯一的办法，只有装傻充愣，若无其事。

第二忌：世故圆滑的人，对人总是唯唯诺诺，可以不开口，情愿学人之三缄其口，实行其"庸言之谨"。他有隐私的事情惟恐人知，你偏在无意中说着他的隐私，言者无心，听者有意，认为你是有意揭破他的伤疤，他便恨你入骨。

第三忌他有阴谋诡计，你却参与其事，代为决策，认为得当。一方面，可以说你是他的心腹；反过来，你是他的心腹大患。你虽守秘密，从绝口不提，不料另有智者，看得一清二楚，说得明明白白，那么你就难逃走漏消息的嫌疑，无办法的办法，你只有多亲近他，表示绝无二心，同时设法侦知泄密的人。

第四忌：他对你尚无深知，没有十分信任，你偏力求讨好，对他说肺腑之言，即使采用，但适得其反，他一定疑心你有意捉弄他，使他上当；即使试行结果很好，对你未必增加好感，以为你是偶然看到，实行又不是你的力量，怎好算你的功劳，所以你还是不说话的好。

第五忌：他有罪过被你知道，你认为大大的不对，不惜维护正义，直言劝谏，他本惟恐人知，你去揭破，他自十分惭愧，由惭愧而忿恨，由忿恨而与你发生冲突，你又凭空多了一个冤家，你还是不说的好，即使劝告，也以委婉为宜。

第六忌：他的成功，计出于你，他是你的上司，深恐好名誉被你抢去，内心惴惴不安，这种情形，应该到处宣扬，逢人便说，极力表示这是上司的善谋，这是上司的远见，一点不要透露你有什么贡献。

第七忌：他不能做的事，你认为应该做，而强要他必须做到。对于某事，他是箭在弦上，不能不发，或业已骑虎难下，你认为不应该做，而强他必须终止。但是事实如此，虽强之也不会有效。在你的道义上，当然不应该熟视无睹，不妨进言婉劝，使他自己觉悟，自己来发动，自己去终止，这是上策。万一他不愿接受你的劝告，也只好适可而止。如果过于强求，只会白费心思。

第八忌：如果你勇气十足，就事论事，痛陈利弊，极言得失，语气激昂，忠义之气溢于言表，你以为如此必能打动他，谁知他却以为你是性情粗野，缺少涵养功夫，阅历未深，人情未熟，未能顾虑周详。

究其病根，实由于彼此间的认识没有清楚，你虽然认识他，他没有认识你，单方面的认识，还不是说话的时候，冒然进言，总是引起他的疑心，你还是致力于使他彻底认识你的功夫，不要急于说话。这就好比雄鸡司晨，一鸣而天下皆动，但是在黄昏试啼，人家还以为不祥之兆呢！

学会适当地恭维对方

在人和人的交往中，适当地恭维对方，总能创造出一种热情友好、积极肯定的交往气氛。恭维还具有引人向善的作用，促使对方形成良好的行为规范。丘吉尔曾经说过："你想要人家有什么样的优点，你就怎样去赞美他吧。"适当地恭维对方，能够很自然地赢得对方同样的回报。

1. 选择适当的话题，借题发挥

恭维本身往往并不是交际的目的，而是为双方进一步交往创造一种融洽的气氛。比如看到电视机、电冰箱先问问其性能如何，看到墙上的字画就谈谈字画的欣赏知识，然后再借题发挥地赞美主人的工作能力和知识阅历。从而找到双方的共同语言。千万不要用挑剔的口吻，即使看到某些不足，也不必过于认真，以免使对方情绪不快。

2. 语意恳切，增强恭维的可信度

在恭维的同时，明确地说出自己的愿望，或者有意识地说出一些具体细节，都能让人感到你的真诚，而不至于使人以为你说的是过分的溢美之词。如恭维别人的发式可问及是哪家理发店理的，或说明你也很想理这样的发式。美国前总统罗斯福在赞扬张伯伦时说："我真感谢你花在制造这辆汽车上的时间和精力，造得太棒了。"罗斯福总统还注意到了张伯伦费过心思的一切细节，特意把各种零件指给旁人看。这就大大增强了夸赞的诚意。

3. 注意场合，不使旁人难堪

在有多人在场的情况下，恭维其中某一人必然也会引起其他人的心理反应。比如你恭维某次成人考试成绩好的人，那么在场的其他参加同次考试成绩较差的人就会感到受奚落、被挖苦，这时你就应寻找某些因素：如某人复

习时间太短，某人出差回来仓促上阵等等客观原因来照顾他们的面子。

4. 措辞精当，不使人产生误解

在现实生活中往往会出现这样的事：说话者好心。而听话者却当成恶意，结果弄得不欢而散。因而恭维的语意要明确。避免听话者多心。

5. 掌握分寸，不要弄巧成拙

不合乎实际的评价其实是一种讽刺。违心地迎合、奉承和讨好也有损自己的人格。适度得体的恭维应建立在理解他人、鼓励他人、满足别人的正常需要以及为人际交往创造一种和谐友好气氛的基础上，那种带着不可告人的目的曲意迎合是为我们所不齿的。

用赞美激发对方的自尊心

心理学研究发现，人性都有一个共同的弱点，即每一个人都喜欢别人的赞美。一句恰当的赞美犹如银盘上放的一个金苹果，使人陶醉。

赞美人并不是一件容易的事，正如水能载舟亦能覆舟一样。适当的赞美之词，恰如人际关系的润滑剂，使你和他人关系融洽，心境美好；而肉麻的恭维话却让人觉得你不怀好意，从而对你心生轻蔑。

要做到恰如其分地赞美他人，就要正确地认识赞美的作用、宗旨，赞美的题材和赞美的方法。

赞美对方的宗旨是尊重对方，鼓励对方以及创造友好的交往气氛，所以应该真心实意，诚恳坦白，措辞适当。如果是因为有求于人而表示赞美，会令对方感到你的动机不良，所以当你没有需求对方什么的时候，表示赞美才真诚可信。对别人的赞美也不能过于频繁，过于频繁就失去了鼓励的意义，并且显得滑头俗气，反遭轻视。

一个恰如其分的赞美还表现在赞美题材的选择上，即根据不同的对象，不同的关系，不同的场合选择不同的赞美题材。比如对年长者，可赞美他的健康、经验、知识、地位或成就；对于同辈人，可以赞许他的精力、才干、业绩和风度；初次见面者，主要赞美其可见的外表或已知的实绩；在公共场合，赞美对方那些可以引起众人同感的品德、行为、外表和长处比较适宜；到别人家中做客，可以赞美其孩子的聪明，妻子的烹调手艺或居室布置等。实际上，除了对方的忌讳和隐私外，只要实事求是，态度诚恳，赞美的题材随手可拾。恰如其分的赞美还需要有适当的赞美方法。

最常见的是直接的赞美：当着对方的面，以明确具体的语言，提及对方的名字（或尊称、昵称），微笑地赞美对方的行为、能力、外表或他拥有的物品。如果能在直接的赞美后，用一个问题衔接下去，效果则更好。

间接含蓄的赞美，即运用语言、眼神、动作、行为等向对方暗示自己赞赏的心情。比如在公共场合特地请某人签名留念，或特地向某人请教，聚精会神地倾听对方讲话，并不时地微笑点头，这也是一种表示赞美的方式。

预先赞美。如果对方有较强的自尊心和一定的领悟力，那么也可以按照你对他的希望预先赞美他，这样可以激发他的自尊心，鼓励他朝你热切希望的方向发展，而约束他朝反方向发展。比如，希望对方能准时赴约，不妨用预先赞美的方式，说："你的工作效率和时间观念给我留下了深刻的印象……那么好，咱们说定了，明天下午两点半见面。"

心理学家威廉·杰姆斯说："人性最深层的需要就是渴望别人欣赏。"如果在人际交往中，懂得这一点，懂得赞美，善于赞美，那么你将成为一个有同情心、有理解力、有吸引力的人。

Chapter 05 第五章

懂得人际关系是
复杂的

直性子的人做人或许问心无愧，但在处理人际关系上，他们可能会少些考虑。这个世界上存在这样或者那样的陷阱，也不是每个人都是可以帮助你的好人。我们不应当有害人之心，但也绝不能没有防人之心。

可以做好人，也要会做恶人

这个世界，表面上，"好人"受人欢迎。因为"好人"不具侵略性，不会伤害到别人，甚至有时还会为了别人而让自己吃亏！一句话，好人就是老实。

那么做"好人"好还是不好呢？

这里倒不是要全盘否定"好人"，而是强调一个度的问题，做"好人"也有其人际关系上的价值，因此，做好人有值得肯定的地方，只是，不能做太老实的人，也就是"滥好人"，否则就"过犹不及"了。

所谓"滥好人"，就是没有原则、没有主见的"好人"，这种人不知是性格因素，还是有意以"好"去讨别人的欢喜，反正是有求必应，也不管该不该，有时也想坚持，可是别人声音一大，马上就软化下来，因为缺乏原则与坚持，导致是非不辨，当事情不能解决的时候，便"牺牲"自己来"成全"大家；有时也想"坏"一点，可是又"坏"不成，于是就开始自责，检讨自己这样做是不是不应该……

这种"滥好人"得到的效应和"好人"是不同的，"好人"也是有原则的，所以他人在颂赞这"好人"的"好"时，还带着几分尊敬甚至"畏惧"。但"滥好人"则不然，他在人际关系上的效应是"不能担当大任"的评价，而且别人因为深知他的弱点，甚至会算计他、陷害他，得寸进尺，反正他不会反抗，不会拒绝。于是所有人都得到了好处，唯独这个"滥好人"一点好处都没有。

"滥好人"不能做，做人不能太老实。反过来，有时候装装"恶人"，反而能收到意想不到的效果。

做"恶人"，对自己本身会有什么好处？

第一，"恶人"虽然令人讨厌，但却胜有威势。由于许多人都是非驱策不可的，一般而言一个主管做事"偏恶"会远比他"偏善"更能令下属为他效力办事。不讲人情的主管当然不受下属爱戴，但却更能令下属不敢造次。这是做"恶人"的第一个好处。

第二，许多人不喜应酬，只想静静的办事。那么"恶人"的形象便会产生适当的阻吓作用，令你的不必要应酬减到最低限度，赚得清静。第三，好人倾向于对人堆笑脸，甚至巴结奉迎，"恶人"板着脸做人反而塑造出一个令人肃然敬畏的形象来。

从上面三点考虑，可以想见许多"恶人"尽管本性不恶，但基于需要，得装出"恶人"的形象来办事。其实做"恶人"的不好之处，最大不过是犯众怒、少朋友。当然，如果你选择了一个"在一般人心目中的恶的形象"，自己需要别人帮助时便不免会难得多。

每个人都有他自己不同的好恶。一个恶人的"恶"，可能是他的真性，也可能只是个假象，和好人的"好"完全一样。不过，装"恶人"远比装好人难。恶人无论是真恶人还是假恶人，首先要有一个"恶"的表象。

好人可以完全是装出来的假象，但装恶人总要真的有三分恶才能成功。在我们打工的日子里，我们有时难免也吃了"形象不够恶"的亏（尽管我们自问有三分恶），起码我们的手下不怕我们，如果你也有这问题，便不妨从明天起学习有时板起面孔，重新做人。

应付别人也是一门学问

要你"小心应付"某些人，实在是件令人伤感的事，因为过不用对人防备的日子还是比较好，可是"一样米，养百样人"，你不小心应付，便有吃亏的可能性。

一般情况下，以下这些类型的人你要小心应付：

甜嘴巴：这种人开口便是大哥大姐，叫得又自然又亲热，也不管他和你认识多久。除此之外，还善于恭维你，拍你的马屁，把你"哄"得舒舒服服地。并不是说这种人就是必须防备的"坏人"，而是这种人因为嘴巴伶俐，容易使人心不设防，如果他对你有不轨之心，你的陶醉不就上了他的当吗？

笑面虎：这种人好像没有脾气，你骂他、打他、羞辱他，他都笑眯眯的，有再大的不高兴，也埋在心里，让你看不出来。这种人也不见得是坏人，因为他的个性就是如此，成天笑眯眯，不得罪人。可是你就搞不清楚这种人心里在想些什么，也搞不清楚他的好恶及情绪波动，碰到这种人，真的让人无所适从。因此，如果他对你有不轨之图，你是无从防备的。因此对这种人，你要避免流露出内心的秘密，更不可和他谈论私人的事情，只与他保持礼貌性地交往，他打哈哈，你也打哈哈。

藏心人：这种人把自己隐藏起来，不让你知道他的过去、家庭、同学，也不让你知道他对某些事情的看法，换句话说，是个高深莫测的人。这种人有的是因环境的影响所造成，不见得是个"坏人"，但和这种人交往是很恐怖的，最好的办法还是保持距离。

墙头草：这种人最大的特点是见风使舵，哪边好往哪靠边。所以他的待人处世会以"利"作取向，也会为"利"而背叛良心，伤亲害友，可以今天和你好，也可以明天害你。所以和这种人打哈哈就可以了，不必有利益、人情上的往来，甚至宁可故意向他显示你"无利可图"的一面，以免他没事就来打扰你，这可不是好事。

自吹狂：这种人很喜欢夸耀自己的能力，如果你愿意听，他可能就会成为万能的人。事实上，这种人的能力是有问题的，因为他心虚，所以靠吹嘘来壮声势，好比胆小鬼走夜路要吹口哨那样。所以对"自吹狂"，一切的一切，先打对折再说。

支票机：这种人喜欢开支票，任何事情他都可以答应，不只是如此，他还可以主动承诺为你做任何事，可是每一张支票都无法兑现。对这种人，你的态度要有所保留，免得大失所望。

漏风嘴：这种人喜欢到处串门子，串门子还不打紧，还喜欢讲"我告诉你，可是你不可以告诉别人"的"秘密"。如果他也向你传播某人的"秘密"，你当然不可再告诉别人，但你要有所警觉，你如果告诉他秘密，那么很快，你的秘密将不再是秘密。

铜牙槽：这种人的特色是嘴巴很硬，不是说他平常说话很硬，而是死不认错，明明事实摆在面前，他还要强辩，像有一副铜牙槽那般。这种人，你的态度也要有所保留，因为他有可能瞒下了更大的错误。

好色鬼：这种人见了美色便忘了他是谁，好色必然分心，无法专注于事业，要不然也会因色误事。

天天醉：这种人好饮，而且每饮必醉，甚至每醉必发酒疯。这种人有个性上的缺陷，有无法控制情绪的缺点，会误事，也会误自己。

不孝子：这种人连父母都可以不要，甚至虐待他们，那么他对别人也可以如此。对这种人，你要有所保留。

对以上这些人你的态度要有所保留，多给自己一些时间来观察，多给自己一些空间来应对，那么就不会受到伤害了。

另外，生活中尤其需要应付的还有"小人"。每个地方都有"小人"，和"小人"的关系若没有处理好，常常要吃亏。

大体言之，"小人"就是做事做人不守正道，以邪恶的手段来达到目的的人，所以他们的言行有以下的特点：

喜欢造谣生事：他们的造谣生事都另有目的，并不是以造谣生事为乐。

喜欢挑拨离间：为了某种目的，他们可以用离间法，挑拨同事间的感情，制造他们的不合，好从中取利。

喜欢拍马奉承：这种人虽不一定是小人，但这种人很容易因为受上司所宠，而在上司面前说别人的坏话。

喜欢阳奉阴违：这种行为代表他们这种人的做事风格，因此对你也可能表里不一，这也是小人行径的一种。

喜欢"西瓜倚大边"：谁得势就依附谁，谁失势就抛弃谁。

喜欢踩着别人的鲜血前进：也就是利用你为其开路，而你的牺牲他们是不在乎的。

喜欢落井下石：只要有人跌跤，他们会追上来再补一脚。

喜欢找替死鬼：明明自己有错却死不承认，硬要找个人来背罪。

事实上，"小人"的特色并不只这些，总而言之，凡是不讲法、不讲情、不讲义、不讲道德的人都带有"小人"的性格。

那么，该如何应付"小人"，如何妥善处理和他们的关系呢？

以下几个原则可以做参考：

第一，不得罪他们：一般来说，"小人"比"君子"敏感，心里也较为自卑，因此你不要在言语上刺激他们，也不要在利益上得罪他们，尤其不要为了不必要的事情去揭发他们，那只会害了你自己！

第二，保持距离：别和"小人"们过度亲近，保持淡淡的同事关系就可以了，但也不要太过疏远，好像不把他们放在眼里似的。

第三，小心说话：说些"今天天气很好"的话就可以了，如果谈了别人的隐私，谈了某人的不是，或是发了某些不平牢骚，这些话就绝对会变成他们兴风作浪和有必要整你时的资料。

第四，不要有利益瓜葛：人常成群结党，霸占利益，形成势力，你千万不要想靠他们来获得利益，因为你一旦得到利益，他们必会要求相当的回报。

第五，吃些小亏亦无妨："小人"有时也会因无心之过而伤害了你，如果是小亏，就算了，因为你找他们不但讨不到公道，反而会结下更大的仇恨。所以，原谅他们吧！

时刻留意身边的威胁

随着社会的发展，人与人之间的关系越来越密切，人际间的交往也就成了一门学问。

讲究的礼貌、彼此的尊重和小心的防备都成为实际交际中重要的一方面。今天，你看到几乎每个人都面带微笑向你走来，那面孔无论是熟悉还是陌生；看到中途相逢的双方相互拍肩问候溢美之词洋洋不绝于耳，不论是故友还是初识；看到请求帮助时对方拍胸顿首信誓旦旦的允诺。于是，你便也展开了欣喜的容颜迎向他们，以不设防的真诚与善良敞开心扉。然而，当你带着这份欣慰，带着这份放心大胆而痛快淋漓地行走于漫漫人生长路时，却不得不发现微笑原来并不都发自于内心：那些笑意背后隐藏的有荆棘也有陷阱。无论是谁，都不会希望自己在将登临山顶时遭到上面石头的砸击，都不会希望在自己即将渡过急流时被折断了船桨。那么，该如何躲开这背后而来的袭击呢？

大千世界，芸芸众生，错综复杂的人际关系，高深莫测的人际社会心理，不容你不正视，不容你不细心对待。因此，为人处世还有很重要的一方面，即在这复杂的人际关系中，掌握人际关系交往中攻防的技巧，躲开背后的袭击。

人们经常说："害人之心不可有，防人之心不可无！"的确"害人之心不可有"，因为害人会有法律和道德上的问题，而且也会引发对方的报复。然而在社会上，光是不害人还不够，还得有防人之心。

防人，防什么呢？就是防人性中的"恶"。世上有绝对纯良的"好人"，也有绝对奸邪的"坏人"，而绝大部分的人都是"好坏夹杂"，也就是"善"中存着"恶"，只是程度有别，或在什么时候显露出他的"恶"罢了。

人在什么时候会显露出他的"恶"？就是在他想扩张他的欲望，或欲望受到危害的时候。换句话说，"善人"也会有利害关头显现出他的"恶"。例如有人为了升迁，不惜设下圈套打击其他竞争者；有人为了生存，不惜在利害关头出卖朋友；有人走投无路，狗急跳墙，开始行骗……说起来，这也是人自卫的一种本能，因此你若把世界的人都当成好人，那就大错特错。

不过，明枪易躲，暗箭难防，别人要害你不会事先告诉你。

那么该如何防呢？

首先是"巩固城池"。也就是让人摸不清你的底细，实际做法便是不随便露出个性上的弱点，不轻易显露你的欲望和企图，不露锋芒，不得罪人，勿太坦诚……别人摸不清你的底细，自然不会随便利用你、陷害你，因为你不给他们机会。

其次是"阻却来敌"。兵不厌诈，争夺利益时人心也不厌诈，因此对他人的动作也要有冷静客观的判断，凡异常的动作都有异常的用意，把这动作和自己所处的环境一并思考，便可发现其中玄机。

同事之间存在竞争的利害关系。在一些合资公司，特别是外资公司里，因追求工作业绩，希望赢得上司的好感，获得升迁，以及其他种种利害冲突，使得同事间天然地存在着一种竞争关系。而这种竞争在很大程度上又不是一种单纯的真刀实枪的实力较量，而是掺杂了个人感情、好恶、与上司的关系等等复杂因素。它是一种变了形、扭曲了的竞争，其中有多种影响成绩的因素：表面上大家同心同德，平平安安，和和气气，内心里却可能各打各的算盘。利害关系导致同事之间关系免不了紧张。

同事之间鸡毛蒜皮的纷争多。同事彼此之间会有各种各样鸡毛蒜皮的事情发生。各人的性格优点和缺点也暴露得比较明显。尤其每个人行为上的缺点和性格上的弱点暴得多了，会引发各种各样的瓜葛、冲突。这种瓜葛和冲突有些是表面的，有些是背地里的，有些是公开的，有些是隐蔽的。种种的不愉快交织在一起，便会引发各种矛盾。有两种态度容易损害同事关系：一是待人刻薄，还有一种人，热衷于算计人。

一个单位里，这样的人越多，人际关系越复杂，"内耗"越严重，工作效率越低。相反，大家都集中精力干工作，不过多地关注别人的缺点，人际关系就会比较正常、简单，工作效率就会提高。"多琢磨事，少琢磨人"，确是处理好同事关系的一条原则。

在竞争愈演愈烈的社会中，同事之间，也不可避免地会出现或明或暗的竞争。表面上可能相处得很好，实际情况却不是这样，有的人想让对方工作出错，自己可有机可乘，得到老板的特别赏识。

美国斯坦福大学心理系教授罗亚博士认为，人人生而平等，每个人都有足够的条件成为主管，但必须要懂得一些待人处事的技巧，以下是教授的建议：

第一，无论你多么能干，具有自信，也应避免孤芳自赏，更不要让自己成为一个孤岛，在同事中，你需要找一两位知心朋友，平时大家有个商量，互通声气。

第二，想成为众人之首，获得别人的敬重，你要小心保持自己的形象，不管遇到什么问题，无须惊惶失措，凡事都有解决的办法，你要学习处变不惊，从容面对一切难题。

第三，你发觉同事中有人总是跟你唱反调，不必为此而耿耿于怀，这可能是"人微言轻"的关系，对方以"老资格"自居，认为你年轻而工作经验不足，你应该想办法获得公司一些前辈的支持，让人对你不敢小视。

第四，若要得到上司的赏识与信任，首先你要对自己有信心，自我欣赏，不要随便对自己说一个"不"字，尽管你缺乏工作经验，也无须感到沮丧，只要你下定决心把事情做好，必有出色的表观。

第五，凡事须尽力而为，也要量力而为，尤其是你身处的环境中，不少同事对你虎视眈眈，随时准备指出你的错误，你需要提高警觉，按部就班把工作完成，创意配合实际行动，是每一位成功主管必备的条件。

第六，利用时间与其他同事多沟通，增进感情，消除彼此之间的隔膜，有助于你的事业发展。

太自我终归不是好事

《三国演义》是中国古代四大名著之一，它影响了中国无数人。在历史学家眼里，《三国演义》是一部有重要史料价值的小说；在政治家眼里，《三国演义》是一部勾心斗角的政治题材作品；而在一些人际关系研究专家眼中，《三国演义》无疑是一部反映人际关系成事的最好样本。

在《三国演义》中，像刘备这样文不如诸葛，武不如关张的人，最后反而称王称帝，令诸葛和关张对他俯首称臣。刘备无疑是处理人际关系的一把好手。

但也有才华横溢，满腹经纶的人，就因为不懂人心禁忌，最后身首异处的。

看过《三国演义》的人一定不会忘记祢衡这个人。祢衡，字正平，东汉末年名士，著名文学家。对于他的才华，其朋友孔融曾有这样一段描述："窃见处士平原祢衡：年二十四，字正平，淑质贞亮，英才卓荦。初涉艺文，升堂睹奥；目所一见，辄诵之口，耳所暂闻，不忘于心；性与道合，思若有神；弘羊潜计，安世默识，以标准之，诚不足怪。忠果正直，志怀霜雪；见善若惊，嫉恶若仇；任座抗行，史鱼厉节，殆无以过也。鸷鸟累百，不如一鹗；使衡立朝，必有可观。飞辩骋词，溢气坌涌；解疑释结，临敌有余。"

孔融是孔子的第二十世孙，也是东汉末年"建安七子"之一。他对祢衡能有如此之高的评价也可见祢衡才华横溢，令人敬仰。孔融还曾赞叹祢衡乃"颜回不死"，二人私交甚好。但谁也没想到，孔融一次好心竟然办了坏事，令祢衡最终丢了性命。

在《三国演义》中，曹操想招安刘表，谋士荀攸推荐孔融，孔融顺带着就将自己的好友祢衡推荐给了曹操。曹操在面见祢衡时态度傲慢，祢衡参拜之后，曹操不命就坐。祢衡于是叹息道："天地虽然大，但怎么就没一个英雄呢？"

曹操听完质问道："我手下数十人，都是当世的英雄，怎么就说世上没有英雄？"

祢衡说："洗耳恭听"。

曹操说："荀彧、荀攸、郭嘉、程昱，机深智远，虽萧何、陈平不及也。张辽、许褚、李典、乐进，勇不可当，虽岑彭、马武不及也。吕虔、满宠为从事，于禁、徐晃为先锋；夏侯惇天下奇才，曹子孝世间福将。——安得无人？"

祢衡又笑着说："公言差矣！此等人物，吾尽识之：荀彧可使吊丧问疾，荀攸可使看坟守墓，程昱可使关门闭户，郭嘉可使白词念赋，张辽可使击鼓鸣金，许褚可使牧牛放马，乐进可使取状读诏，李典可使传书送檄，吕虔可使磨刀铸剑，满宠可使饮酒食糟，于禁可使负版筑墙，徐晃可使屠猪杀狗；夏侯惇称为'完体将军'，曹子孝呼为'要钱太守'。其余皆是衣架、饭囊、酒桶、肉袋耳！"

曹操大怒道："你有什么才能？"

祢衡说："天文地理，无一不通；三教九流，无所不晓；上可以致君为尧、舜，下可以配德于孔、颜。岂与俗子共论乎！"

曹操听完十分生气，当时大将张辽在旁边，听到祢衡这么说，张辽准备拔剑砍之，曹操担心自己会落下"不容能人"的骂名，就喝止住张辽，并且安排祢衡做了一名鼓吏。

这是事情发展的第一步。

祢衡在面对曹操时，傲慢无礼，自吹自擂，这是犯了大忌。但祢衡这时的举动并不会给他招来杀身之祸。曹操这个人性格多疑，但却非常爱惜人才。关羽对曹操的态度也一直非常差，但就因为关羽是个人才，所以曹操一直对他崇敬有加。祢衡言语上冲撞了曹操，但并不致死，所以，事情发展到这里，祢衡还没有吃什么大亏。

但是，接下来发生的事情就非常令人惋惜了。

曹操有一次举办宴会，祢衡尽职去击鼓，但是原来的鼓吏对他说，击鼓要换一身新衣裳。祢衡听到这话，二话不说，将宽衣解带，脱得赤条条的。操叱曰："庙堂之上，何太无礼？"衡曰："欺君罔上乃谓无礼。吾露父母之形，以显清白之体耳！"操曰："汝为清白，谁为污浊？"衡曰："汝不识贤愚，是眼浊也；不读诗书，是口浊也；不纳忠言，是耳浊也；不通古今，是身浊也；不容诸侯，是腹浊也；常怀篡逆，是心浊也！吾乃天下名士，用为鼓吏，是犹阳货轻仲尼，臧仓毁孟子耳！欲成王霸之业，而如此轻人耶？"

　　曹操在挨了一顿骂之后非常生气，一旁的孔融担心曹操发怒杀掉祢衡，就出来打圆场。曹操倒也厚道，他并没有要杀祢衡的意思，而是催促他动身去荆州招降刘表。

　　这是祢衡走错的第二步。本来，如果他停止羞辱曹操以及他的手下，他完全可以在曹操身边慢慢混，以后他的才学也一定能够被曹操赏识，实现自己的价值，但是他不知道人心中的一大禁忌，没有人喜欢听羞辱自己的话。地位越高的人越要面子，他三番五次羞辱曹操，所以最终被曹操送到荆州。

　　到了荆州，拜见刘表时，祢衡仍然不收敛，他表面上歌颂刘表，实际上却对刘表暗中讥讽，这让刘表很不高兴。刘表手下的人劝他杀掉祢衡，但是刘表认为，曹操送祢衡来就是为了借刀杀人，所以，他偏不上曹操的当，只是将祢衡送到江夏黄祖那里去。

　　黄祖那儿，正是祢衡的葬身之地。

　　如果说祢衡羞辱曹操和刘表是不对的，那至少这两人都算是读书人，也懂些招贤纳士的道理。但黄祖这个人就不一样了，他是一介武夫，大字不识几个，为人鲁莽粗俗。他跟曹操和刘表不同，完全不懂得什么招贤纳士的道理。所以，在祢衡出言不逊之后，黄祖没有丝毫的犹豫，就下令将祢衡斩首示众。

　　一代才子祢衡就此殒命。

　　祢衡的死并非偶然，他从出仕到曹操那里开始，就一直在不停地得罪别人，驳别人的面子。在碰上黄祖之前，祢衡还算是幸运的，曹操不喜欢他，但他并不喜欢乱杀人，祢衡因此保全了姓名。接着他到刘表哪里去，刘表也不想背负"杀贤"的骂名，也网开一面。但祢衡还不知悔改，继续着自己那目空一切的说话行事作风，最后惹怒了黄祖这个脾气暴躁的武将，送了性命。

常言道："常在河边走，哪有不湿鞋？"在短时间内，一个狂妄自大的人或许还能安然无恙地生活在这个复杂的社会上，可时间久了，总会有人看不过去，拿针戳破这只膨胀的大气球。说到这，我突然想起以前读书时遇到的一个女同学，这位女同学特别喜欢往自个儿脸上贴金，逢人就说自己的父母是某某事业单位的高干，每到过年的时候，总有一大批人往她家提名贵东西，什么大红袍啦，什么玉观音啦。

刚开始，素养不错的同学们都忍着不给她脸色看，哪知这位女同学一点眼力见儿都没有，始终滔滔不绝地重复着她的富贵故事。最后，班上一个以冷幽默著称的男同学不咸不淡地问了一句："有给你家送钟（终）的没？"话音刚落，班上的同学都禁不住哈哈大笑起来，唯独那个女同学一脸讪讪地离开了。

法国工人运动活动家拉法特曾说："骄傲自大是无能的表征。"一个人若是真有实力，根本犯不着在众人面前吹嘘自己有多了不起，越是狂妄自大的人，越是才能平庸之辈，归根结底，他们只不过是想通过吹嘘和炫耀来求得他人的认可罢了。无奈深流的永远是静水，太过喧哗的人往往都经不起时间的考验，因此，我们若想收获一份好人缘，就别重蹈祢衡的覆辙，要知道，谦虚做人和低调行事才能让我们走得更远更平稳。

理智应对流言蜚语

有人的地方就会有流言，学会处理它们是取得成功的重要一课。

的确，在我们这个世界上，始终有很多人喜欢传播一些可疑的谣言，而谣言就像夏日里的冰块一样，很容易就融化开来。在一个复杂而忙碌的工作组织中，流言蜚语，小道消息是少不了的。如果一个人刚到一个新单位上了好多天班，却连一个传言都没听到。大概他就实在该好好反省一下自己的人际交往能力了。因为大家都提防着他，把他当局外人，自然就什么都不会让他知道了。

"说闲话的人"通俗地来讲，是指一种"到处闹扯，传播一些无聊的、特别是涉及他人的隐私和谎言的人"。换句话说，就是背后对他人品头论足的人。虽说古人早有"谣言止于智者"的忠告、但智者毕竟很少，谣言总是会被传来传去。每个人忙忙碌碌地在一个组织里工作，固然是为了公事，然而一起工作总要说话，说话也不可能光说正事，难免会讲些题外话。其中有些闲谈不仅很有趣。而且人们在背后谈的也是有关同事的好处。

然而有些却纯粹是伤害他人的闲话，不论有意还是无意，这种闲话都是不可宽恕的——故意的是卑鄙，无意的是草率。何况有时"言者无心，听者有意"，经过许多人丰富的想象，也许在一番穿凿附会，改头换面之后，谣言就产生了，再加上"说闲话者"捕风捉影，添油加醋之后，更使谣言的传播速度加快，远远超过做事的速度。

传播伤害他人的流言，有时是出于嫉妒、恶意，有时是为了借揭示别人不知道的秘密来抬高自己的身价，这些都是极令人厌恶的事情。可是各个组织里也的确有许多可以讨论的话题。我们不可能。也没有必要做到绝口不提不在场的人，只是一旦发现自己想要说些不利于他人的话时，就应该立刻闭嘴了。要知道，"己所不欲，勿施于人。"恐怕人人都能如此，才有望截堵流言。

"名誉是一个人的第二生命"，没有了名誉，以后就无法正正当当地待人处事。被流言蜚语影响，乃至毁掉了名誉的人自然悲愤、痛苦，而那些以害人损失好名声为乐，经常传播流言谣言的人，在他毁人名誉的同时，也毁了自己的名誉，却还不自知。领导和同事也许还会听他津津乐道地说别人的短长。

可是也许内心深处早已充满了轻视的鄙夷，久而久之，就再也没有人轻易相信他说的话了，哪怕那是真话，这又何尝不是自毁前程、得不偿失？这些仁兄们最喜好的是玩"阴"的，他们从不拿工作或业绩表现来正面交锋，也没什么真枪实弹，真材实料，而是运用各种谩骂、造谣使对方为流言所伤，这正是"暗箭伤人"的最好写照。

有人用这样几句话来描述组织中流言的性质："言者捕风捉影信口开河；传者人云亦云，添油加醋；闻者半信半疑，真伪难辨；被害者莫名其妙，有口难辩。"真是形象逼真之极。也唯有组织中的全体成员互相信任与合作，人人做"智者"，才能破解这种恶性循环。

流言蜚语是可怕的，它能使最好的名声化为乌有，给人制造无穷麻烦，甚至毁灭一个人。如果它如同绰号一样附在你的身上，你的美名会因此消失。群众通常会对突出的弱点、或一些可笑的瑕疵感兴趣——因为这都是他们窃窃私语的好话题。

有时是嫉妒我们的对手狡猾地凭空造出了这些瑕疵。卑鄙的嘴巴讲出的玩笑比厚颜无耻的谎言更能将声誉毁坏。获得坏名声相当容易，因为坏事易令人相信且难以抹掉。审慎的人应避免这些，注意那些庸俗傲慢无礼的言行，因为防病胜过治病。

一般而言，流言究竟爱'粘'谁呢？

对大部分的上班族而言，办公室里对工作情绪影响最大的事，莫过于听到跟自己有关的"八卦"。有的人听了一笑了之，有的人却为此心中不安，甚至神经衰弱彻夜难眠。那么办公室里最容易被流言击倒的是些什么人呢？

首先是那些不自信的人：因为对自己缺乏信心，会过分在意别人的评价，甚至可能为了维护形象而做一些本来不愿做的事。比如，你在看书，别人要去逛街。如果你不去，别人会说"你怎么这么用功啊！"你为了不被指斥，有可能就跟着去了。这样的人有趋同心态，担心"与众不同"是错误的，害怕"与众不同"会遭到贬低。这样的人遇到困难时，容易责备自己。遇到流言，他会归因于自己是否太出格，而不想到是他人的原因。

其次是渴望升职的人：这样的人会将个人发展分为长远目标和近期利益，为了实现长远目标，常常不惜牺牲自己的当前利益。比如，为了维护形象，一个仕途宽广的人可能会尽量杜绝绯闻出现。富于心计的他们习惯计算职业生涯中的成本和收益，并由此做出选择。

这样的人往往能够保持谦谦君子的公众形象，但一旦他们的心计被人看穿，流言也就随之而来。

不过，对于成绩优秀的办公室职员来说，有时难免会惹流言上身，这是因为优秀与平庸如影随形，相伴相生，优秀者总难免受大部分平庸者的打击和排挤，而流言正是平庸者惯用招式之一，一试见效，屡试不爽。那么如何从容应付办公室流言呢？

第一，要保持镇定。切忌在流言面前暴跳如雷，大吵大闹，那样不仅于事无补，反倒给上司留一个遇事急躁、缺乏沉稳的坏印象。流言绝非空穴来风，静下心来寻找一下源头，寻求解决之道。谨记，流言面前保持微笑、冷静对待，要比捶胸顿足泪雨滂沱要好得多。

第二，寻求支持。单枪匹马笑对流言，虽说显示了为人坦荡的一面，但毕竟会让自己陷入孤立无援的境地。主动出击，寻求支持，争取绝大多数的同盟，才是彻底战胜流言之道。需要指出的是，除了积极主动寻求上级支持外，向下寻求支援也极为重要。上司在流言面前总会以下属意见为参考，下属意见有时会起到一言九鼎之功效。

第三，反省自身。苍蝇不叮无缝的蛋，流言的出笼是否真的与自己哪方面做得不妥有关？如真的是自己哪方面处事不公，为人不仁，乃至做了有悖良心的事，不妨当面认错并改正，求得公众的谅解与支持，让流言降温或熄火。

第四，攻其破绽。扎紧了自己篱笆后，接下来就可以主动出击，驱赶流言。流言最怕真理和阳光，摆出事实和真相，敞开大门说话，就会给流言以致命一击。

第五，舍却不利。不可否认，所有流言或多或少与"利"字挂钩，难以分开，如果你舍弃小"利"或置身"利"外，则可有效回避流言。当然，这里的舍弃是有效舍弃，是以退为进，否则就中了造谣者的圈套，自己也得不偿失。

当然，并非所有的谣言都是罪大恶极，"马路消息"和"小道新闻"也是组织中相互间沟通的一种形式。除了可以冲淡工作里的沉闷和无趣，也可以制造一些可供讨论的话题，更可能是领导者运用的一种手段。有的领导者有时将还未决定的人事案或计划案传达出去，是为了通过"放风声""探风向"了解各种反应。若反应好，则顺水推舟，实施此案；若反应不佳，则只当是传言、终究无法成为事实。从这个角度来看，此种传言仿佛是组织内的民意调查，领导者多少能获得一些信息。

另外，传言有时也是一种预防性的警告，当一个人被各种传言缠身时，定会有所警觉，从而调整自己做人做事的风格，以减少别人对其的议论。更何况工作中确实有些情况是不便直截了当地去责备当事人的，否则难免会惹得"逆反效应"和不愉快，这样适当地利用一下"传言"也是未尝不可的。

但无论如何，任何人听到关于自己的流言，心中都会极为愤慨，有些人甚至会径直去找"好事者"大吵一架而后快。可这样处理的结果却通常是两败俱伤，沸沸扬扬。可见，当流言缠身时，如何去面对它，可真是一门精深的学问。

面对流言蜚语，首先不宜暴怒，而应开心才是，要知道恰如"已知的恶魔总比那未知的恶魔好对付一样"。已知的谣言也总比那些未知的谣言好对付，这至少证明你还很有重量，很有制造谣言的价值。被"抬举"成议论的中心还能颇有嚼头，试想一个早已退休在家，长年卧病在床，与世无争的老女工，又怎么会成为流言的主人公呢？

化解流言蜚语，说难也难，可说易又很容易。做人若行得正，又何惧影子歪？只要操守无可争议，没有伦理上的失足，腐败、颓废，没有私生活的出轨，被造谣的机会必然会大大减少；做事若谨慎认真、处处紧扣规矩方圆，没有任何闪失和漏洞，又何惧谣言？

现代社会中的现代组织，人与事越来越变得错综复杂、微妙神秘，要想完全脱身，置身于一切流言之外是不可能的，几乎很少有人能一生都不曾被人造谣中伤过，但我们必须相信：别人的嘴巴是长在别人的脸上，不可能管得了；但自己的耳朵却是长在我们自己身上，完全有可能让它去少听少传；更重要的是，手脚是在自己身上的，自己勤快些做事，以行动成果来对抗流言蜚语是最有效的。

防人之心不可无

某单位有一位姓王的经理，因为少了防人之心，因此曾有过沉痛的教训。他们公司来了一个名牌大学毕业的大学生，王经理是个非常爱才的人，便对他另眼相看，那大学生也对王经理极尽奉承巴结和讨好。时间一长，两人几乎成了推心置腹的朋友。王经理什么事都跟他说，甚至自己和副经理之间的不和也全都说给他听。

后来，王经理渐渐感到自己与副经理的矛盾日益加深。不仅关系越来越僵，甚至还时常当面出语顶撞，眼看两人实在无法共事，上级只好把二人调开完事。

两个人的矛盾就是因工作产生，日后他们不在同一个部门工作了，矛盾自然就少了许多。日子长了，两人渐渐消除旧怨，重新搭话，王经理意外地发现副经理当初对他敌意陡增、态度突变，全是因为那个大学生在中间传话搞的鬼。他不仅把经理批评副经理的话全都一字不漏地告诉了副经理，还附带说了许多批评王经理的话。

这时，王经理才如梦初醒，才知道自己上当了，于是就很生气地去找那位大学生。谁知，大学生却说道："我既没有造谣，也没有诽谤。我是人，总有表达我自己观点的权力吧？你可以想想，我在你面前是否说过副经理的坏话，如果没有，那就不是挑拨离间。"这时，王经理无话可说了。

事过之后，王经理发现自己犯了无防人之心的错误。当你在领导岗位上时，别人对你总有几分敬畏。你说话时，别人常会喏喏应声，但千万不能据此认为别人和你的想法是一致的。尤其是不该让下属知道的事（比如领导与领导之间的矛盾），即使关系特别好，也决不要向他透露半个字。

如果心中有什么不快主事，宁可找一个不相干的朋友说，也不要和下属吐露。在这方面存一点防人之心，是怎么也不算过分的。其实，又何止是当领导的需要有防人之心，任何人都不可失去防人之心。因为，在官场上你需要打交道的很可能就是个厚黑高手，毫无疑问，你需要防止被此类人所暗算。即使对方心机的修炼不如你高，或者根本就与你不在同一水平上，那么，也需要多点防人之心。否则，说不定什么时候，就会被对方给诬陷了。

三国时期，争太子的有两位，曹植和曹丕。曹植才华横溢，人人敬服，曹操也对他另眼相看，内心暗暗打算把王位传给曹植。当曹植封侯的时候，曹丕在军中还不过只混到郎官，比起曹植，太不起眼了。但心机很重的曹丕却知道如何去打败曹植。

曹操带兵出征，曹丕与曹植都到路边送行。曹植充分发挥其才能，称颂父王功德，出口成章，引人注目，曹操也大为高兴。曹丕则反其道而行，不能出口成章，就装得很含蓄，假意哭拜在地上，曹操及他左右的人，都很感动，认为曹植有的只是华丽的辞藻，只有曹丕才是真正的忠诚厚道，是真实的情感。在这种情况下，曹植继续其文人的作派，我行我素，不肯用心计，这样正中曹丕下怀。曹丕进一步行使计谋，掩饰真情。于是王宫中的人及曹操身边人都为他说话，终于被立为太子。曹植的日子，从此便一天天难过了。时间不长，不懂防人之道的曹植，终于被曹丕所害，送了性命。

不要随意暴露缺点

我们的痛处或弱点，总是容易成为别人恶意中伤或下手的地方。如果你表现一副心灰意冷、神情沮丧的样子，只会引得别人拿你取笑。险恶的用心总想方设法惹你生气，它迂回曲行，发现你的伤痛，并想尽千方百计来刺痛你的伤口。你若明智，就应当对不怀好意的暗示置之不理，并且深藏起你个人的烦恼或家中的忧虑，因为即使是命运女神有时也喜欢往你的痛处下手，并往往直取你早已皮开肉绽之处。那些你所引以为耻的东西或那些激励你的东西，你都要深藏不露，以免前者延续不断，而后者消失殆尽。

每个人都会有失意事，包括事业上的失意、感情上的失意、家庭上的失意。

失意事本就是一种痛苦，搁在心里不找人倾吐更是痛苦。据说，把失意事搁在心里还会造成心理的疾病，所以找人倾吐也是好的。可是根据经验，失意事还是不要轻易吐露比较好！

吐露失意事，不管是主动吐露或被动吐露，都有很多副作用。

虽然每个人都会有失意事，但如果你在吐露失意事时，别人正在得意，那么别人会直觉地认为你是个无能或能力不足的人，要不然怎么会"失意"？嘴巴虽然不会说出来，但心里多少会这样想。而且失意事一讲，有时会因情绪失控而一发不可收拾，造成别人的尴尬，这才是最糟糕的一件事。如果你的失意情绪引来别人的安慰，温暖是温暖，但你却因此而变成一个"无助的孩子"，别人的评语是：唉，可怜！

很多人冲印象来打别人的分数，一般来说，自信、坚定的人，他所获得的印象分数会比较高，如果他还是个事业有成的人，那么更会获得"尊敬"，这是人性，没什么道理好说。如果你的失意事让别人知道了，他们下意识的会在分数表上扣分，本来80分，一下子就不及格了，而他们对你的态度也会很自然地转变，由尊敬、热情而变得不屑、冷淡。

你的失意事如果说得太多次，或是经由听者的传播，让你的朋友都知道了，那么别人会为你贴上一个标签："失败者！"当别人谈到你时，便会想到这些事。在现实的社会里，失败者只能自己创造机会，别人是吝于给你机会的，尤其传言很可怕，明明小失意也会被传成大失败，这都会对你的未来人生造成或大或小的阻碍！谁管你是怎么失意，而失意的实情又是如何呢？

当然，也并不是说"失意事"就只能完全闷在心里，但要谈你的失意事必须看时机、对象。

第一，只能对好朋友说。

好朋友知道你的情形和你的坚强和软弱。优点缺点他都知道，跟这种朋友说才能"确保安全"，甚至倒在他怀里、肩上大哭一场也无妨。至于初见面的人、普通朋友，一句也不可说。

第二，只能在得意时说。

失意时谈失意事，别人会认为你是弱者，得意时谈失意事，别人会认为你是勇者，并由衷地从心里涌出对你的"敬意"，而你由失意而得意的过程，他们甚至还会当成励志的教材，这又比一辈子平顺得意的人"神气"了。

还有一种人，必须在此提醒你：有些人专门打落水狗，落井下石。你失意，也正是你最脆弱的时候，碰上这种心存坏意的人，你可能就要倒霉了。要知道，欺侮弱者也是人性的一部分。

所以，藏好你的弱处穴，以防它四处碰壁！

保持一点神秘感

让别人一直对你保持兴趣的诀窍就是，在他们的嘴唇上总沾上些许甜液蜜浆。尊敬感是以欲望来测量的。例如对付口渴，只宜减轻口渴程度，却不宜彻底解除口渴。美好的东西，惟其少，才加倍的美好。第二度来到的事物往往身价顿减。餍足了的快乐是危险的：它们甚至使那些永恒卓越的东西也受到嘲弄。使人愉悦亦有法则：打开其胃口，但永远不让其吃饱。迫不及待的欲望比饱食之余的餍足感作用更大。期待越久，我们的快感越强。

蜚声世界的英国甲壳虫乐队在其早期久久打不开局面，除在利物浦地区有点儿影响外，他们的唱片一直挤不进全国畅销唱片的目录，人们养成已久的欣赏习惯顽固地排斥着这种反传统的新玩意儿。

乐队的经纪人艾泼斯坦独具慧眼，看到了该队的潜力，决意改变这种萧条的状况。他把一批代理人派往各个编制唱片目录的城市。这些人到了各个城市之后，在规定的同一时间里到处购买甲壳虫乐队的唱片，并故意到已售缺的商店三番五，次地催问下一批唱片的到货时间，同时还向电视台询问购买该唱片邮购商店的地址。

大量从各地收购来的唱片，又经艾泼斯坦自己的唱片商店再转手批发和零售出去，从而伪造出甲壳虫乐队唱片十分走俏的"繁荣"假象。经过这样几个月的来回循环折腾，甲壳虫乐队的声望轰地一下子上去了，这种音乐变成了英国的流行乐。不仅如此，甲壳虫热还越出英国国界，漂洋过海，迅速传到了许多国家，成了一种世界性的流行音乐，影响了一代人，甚至使英国在数年之内能借此平衡国际财政收支。

流行是大众的趋向性思维和行为。思维可以是不自觉形成的，也可以是人为有意制造的，甚至可以是蓄意伪造出来的。甲壳虫乐队开始的名声大噪就是伪造的结果。在商业活动中，流行尤其重要，流行商品就意味着大批量的生产，广阔的市场和高额利润，因此，为了广开销路，在产品的流行上做些文章是值得的。

只要让人们的胃口感觉到饿，他们的欲望便会被勾起来，争先恐后地到处找吃的。这种"吊胃口"的技巧，关键在于不让对方感到满足，使其欲罢不能。

这一心理规则能够给人以下启示，要想达到自己的目标，就必须刺激起对方的欲望，暗示只要能办成事，好事就在后头，并不时地给些甜头，让他相信你所说的并非是一句空话，于是在不断地刺激下，他的欲望也就被挑了起来，这时就是你牵着他鼻子走的时候了。

在当代产品行销市场中，由于成功的行销策略，可以使产品的受欢迎度超过计划指标而产生市场缺货，供不应求。若无法马上弥补时，极有可能使消费者产生"由爱生恨"的心理。此时，一些虎视眈眈的竞争厂商就会趁机煽动等待购买的消费者转向购买其他商品，并企图抢占市场。这时，巧用"空城计"则可以帮助原来的市场经销者渡过难关，继续保住市场。

美国的绿色巨人罐头食品公司，曾巧用此计而保住了销售地位。绿色巨人罐头食品公司是以玉米及豌豆制作罐头而打入市场。在产品初销时，曾以身披树叶的绿色巨人作广告。由于绿色代表健康，巨人代表强壮的体魄，所以此广告使消费者对"绿色巨人"产生了深刻的印象。

因此，产品上市不到一年，购者趋之若鹜，知名度超过了迪斯尼的唐老鸭，销售量也大为上升。由于市场需求出乎意料的繁荣，造成了产品的供不应求。面对这种情况，为了防止竞争品牌乘虚而入，广告代理商主动献计，设计出"红脸巨人"的广告图案，上面写道："很抱歉，由于我们的产品供不应求，我们感到难为情。""绿色巨人"变成了"红脸关公"。由于这则广告表现得相当诙谐与出色，深获消费者的好评，竟使"绿色巨人"公司安全地渡过了市场的真空阶段，奠定了今日绿色巨人公司独步市场的根基。

"绿色巨人"如此巧妙地创造了"红脸关公"，不但博得消费者会心的一笑，同时更加巩固了这一名牌的地位，真可谓是成功运用"空城计"的佼佼者。

法国有家名叫维也登的公司，其产品从19世纪50年代以来，盛名不衰，产品走俏势头不减，成为上层人物争购之物品，表现出富贵与权势地位之魅力。但这家公司坚持在稳定产品高质量的前提下，"限量"生产，对国内外客商的求购，不予充分满足，以保持其产品的紧俏地位。

维顿公司是法国经销皮箱的大公司，可他们仅在巴黎和尼斯各设一家商店，在国内的分店也控制在27家，并严格控制销售量，人为地制造供不应求的紧张状态，即使碰到购货量再大的客户，也不为之动心。有一位日本顾客，三天上门十多次，每次都提出要购买50只手提箱，但售货员却每次都声称，库存已罄，只卖给他两只。这种匮乏战术，获得了销售上的巨大成功。

"限量竞争"之所以奏效，主要在于两方面：一个是利用人们的心理因素，物以稀为贵，产品少，得之不易，往往成为众多人的追求目标；另一个是防止货多质量滑坡，产生"倒牌"现象。相比之下，采取批量控制有利于管理，利于提高质量，以保名牌名副其实。现在，我们有一些名牌产品，在"批量竞争"驱使下，通过扩能、扩散、转牌子等途径，产量上去了，质量却保不住，市场面扩展了，消费者的需求却大为降低，甚至使一些老名牌没了销路。在这样深刻的教训面前，我们的一些企业领导是否也反其道而行之，也唱一唱"空城计"。

在当今消费者心理趋向名优产品的情况下，我们的企业应当珍惜已创的名牌，在"批量竞争"中也应借鉴于"限量竞争"的做法，在产品质量上多下点工夫。即使是扩能上批量，也应控制好质与量的度，宁要产品好些、精些，也不能要没有质量的多些。因此，企业在扩能改造、横联协作中，切不可放弃质量，适当的"限量竞争"是很有必要的。

让他人留面子，自己才有面子

聪明人在与同事交往的过程中，从不会把话说死，说绝，说得自己毫无退路可走。

例如：

"我永远不会办你所搞砸的那些愚事。"

"谁像你那么不开窍，要我几分钟就做完了。"

"你跟××一样缺心眼儿，看他那巴结相。"

如此种种，估计谁听了都会不痛快，人人都最爱惜自己的面子。而这样绝对的断言显然是极不给人面子的一种表现。

汤姆·韦恩原先在电气部门的时候，是个一级天才，但后来调到计算部门当主管后，却被发现用非所长，不能胜任，但公司当局不愿伤他自尊，毕竟他是个不可多得的人才——何况他还十分敏感。于是，上级给了他新头衔：奇异公司咨询工程师。工作性质仍与原来一样，而让别人去主管计算部门。

此事汤姆很高兴。

奇异公司当局也很高兴，因为他们终于把这位易怒的明星遭调成功，而没有引起什么风暴——因为他仍保留了面子。

保留他人的面子，这是何等重要的问题！而我们却很少会考虑到这个问题。我们常喜欢摆架子、我行我素、挑剔、恫吓、在众人面前指责同事或下属，而没有考虑到是否伤了别人的自尊心。其实，只要多考虑几分钟，讲几句关心的话，为他人设身处地想一下，就可以缓和许多不愉快的场面。

《圣经·马太福音》有句话："你希望别人怎样对待你，你就应该怎样对待别人。"这句话被大多数西方人视作是工作中待人接物的"黄金准则"。真正有远见的人不仅要在与同事一点一滴的日常交往中为自己积累最大限度地"人缘",同时也会给对方留有相当大的回旋余地。给别人留面子,其实也就是给自己挣面子。言谈交往中少用一些绝对肯定或感情色彩太强烈的语言,而适当多用一些"可能""也许""我试试看"和某些感情色彩不强烈,褒贬意义不太明确的中性词,以便自己"伸缩自如"是相当可取的。

汤姆和乔治原来是很好的同事和朋友,可最近却关系紧张,大有"割袍断义"之势。不明真相的人以为他们之间肯定是发生了天大的事情,否则形影相随的两个人绝不至于搞成这个样子。

可事实上远没有那么严重,他们只是为了一只纽扣而已,一只最多价值几分钱的纽扣。乔治新近买了一套非常满意的高档西服,刚穿不到一周就丢了一只关键部位的纽扣,惋惜之余偶然发现整日挂在洗手阀的那件不知是哪位清洁工的工作服上的扣子,与自己丢失的纽扣简直如出一辙。

遂乘人不备悄悄地扯下了一粒。打算缝到自己的衣服上滥竽充数,并得意地将此"妙计"告诉了汤姆,不料未出数日,多数同事都知道了乔治的这个笑料——汤姆竟然在大庭广众之下拿这件事跟乔治开玩笑,弄得当时在场的人都笑做一团,而乔治也终因太没面子而恼羞成怒,反唇相讥,大揭汤姆的许多很令其丢面子的"底牌",于是乎后果也就不得而知了。

人人都有自尊心和虚荣感,甚至连乞丐都不愿受嗟来之食。因为太伤自尊、太没面子,更何况是原本地位相当,平起平坐的同事。但很多人却总爱扫别人的兴,当面令同事面子难保,以致当面撕破脸皮,因小失大。

纵使别人犯错,而我们是对的,如果没有为别人保留面子就会毁了一个人。

不同于直性子的直来直去,聪明人在与同事交往的过程中。从不会把话说死，说绝，说得自己毫无退路可走。例如"我永远不会办你所搞砸的那些蠢事""谁像你那么不开窍，要我几分钟就做完了""你跟XX一样缺心眼儿，看他那巴结相"……如此种种，估计谁听了都不会痛快，人人都最爱惜自己的面子。而这样绝对的断言显然是极不给人面子的一种表现。

《圣经·马太福音》有句话："你希望别人怎样对待你，你就应该怎样对待别人。"

这句话被大多数西方人视作是工作中待人接物的"黄金准则"。真正有远见的人不仅要在与同事一点一滴的日常交往中为自己积累最大限度的"人缘儿"，同时也会给对方留有相当大的回旋余地。给别人留面子，其实也就是给自己挣面子。

尼玛小姐是一位食品包装业的行销专家，她的第一份工作是一项新产品的市场测试。但她却犯了一个大错，整个测试都必须重来一遍。当她开会向老板报告时，她怕得浑身发抖，因为老板会狠狠训她一顿，但是老板只是谢谢她的工作，并强调在一个新计划中犯错并不是很稀奇的。而且他有信心第二次测试对公司更有利。老板保留了尼玛的面子，使她深为感动。果然第二次测试她搞得十分成功。

人人都有自尊心和虚荣感，甚至连乞丐都不愿受嗟来之食，因为太伤自尊、太没面子，更何况是原本地位相当、平起平坐的同事。但很多人却总爱扫别人的兴——当面令同事面子难保，以致当面撕破脸皮，因小失大。

你伤害过谁，也许早已忘了。可是被你伤害的那个人永远不会忘记你，他绝不会记住你的优点。

几年以前，通用电器公司面临着一个需要慎重处理的问题：免除查尔斯·史坦恩梅兹担任的计算部门主管的职务。这个人在电气方面是第一流的专家，可是，在担任计算部门主管的工作中却是很不胜任。那么，就下一道免职令，解除他的职务吧？不能。公司少不了他；而他又特别敏感，容易激动。最后，公司给了他一个新的头衔。他们让他担任"通用电器公司顾问工程师"；工作还是和以前一样，只是换了个头衔。与此同时，他们巧妙地让另外一个合适的人担任了计算部门的主管。史坦恩梅兹非常满意。

让他保住面子，这一点是多么重要。而我们却很少想到这一点，我们常常是无情地剥掉了别人的面子，伤害了别人的自尊心，抹杀了别人的感情，却又自以为是。我们在他人面前呵斥一个小孩或下属，找差错，挑毛病，甚至进行粗暴的威胁。却很少去考虑人家的自尊心。其实，只要冷静地思考一两分钟，说一两句体谅的话，对别人的态度宽大一些，就可以减少对别人的伤害。事情的结果也就大大地两样了。

1922年，土耳其人同希腊人经过几个世纪的敌对之后，土耳其人终于下决心把希腊人逐出土耳其领土。穆斯塔法·凯墨尔对他的士兵发表了一篇拿破仑式的演说，他说："不停地进攻，你们的目的地是地中海。"于是，近代史上最惨烈的一场战争展开了。土耳其最终获胜。

当希腊的迪利科皮斯和迪欧尼斯两位将领前往凯墨尔总部投降时，土耳其士兵对他们大声辱骂。但凯墨尔却丝毫没有显现出胜利的傲气。他握住他们的手，说："请坐，两位先生；你们一定走累了。"然后，在讨论了投降的有关细节之后，凯墨尔安慰这两位失败者；他以军人对军人的口气说："两位先生，战争中有许多偶然情况。有时最优秀的军人也会打败仗。"

凯墨尔的伟大之处，就在于即使在全面胜利的兴奋中，为了长远的利益，仍然记着这条重要的信条——让别人保住面子。

姜太公对文王说："胸怀比天下大，然后才能包容天下；诚信比天大，然后才能约束天下人；仁德施于天下，然后才能使天下归附；恩惠施于天下，然后才能保有天下；权威大于天，然后才能不失天下。遇事当机立断，就要像天道不能改变，就像四季不能变更一样。"

姜太公认为"具备上述六个条件，就可以治理天下了"。而在上述六条之中，包容天下义居首位，它可以作为一个领导人物不可缺少的、重要的条件之一。

黄浦江上，最后一抹晚霞逐渐消失了，在上海一家著名的饭店里，隆重的宴会此刻刚刚开始。有十几位外国人明天就要离开上海回国，丰盛的宴席就是为欢送他们准备的。宴会厅里，灯火辉煌，喜气洋洋，宾主不断举杯话别。穿着整洁服装的服务员，忙碌地走来走去。

有一位中等身材、胖瘦适中的外国人，对这热烈友好的气氛似乎不感兴趣，他的注意力倒被面前的酒杯吸引住了：那酒杯名叫九龙杯，上面雕刻着九条飞龙，尖齿利爪，片片鳞甲，刻得细致清晰。龙口里含着金珠，斟酒入杯，金珠闪闪滚动，使人觉得好像龙在游动。他看得入迷了，并想把那酒杯窃为己有。

这个念头一产生，他心虚地看了看周围，像是怕有人窥到了他心中秘密似的。当发觉没什么异常现象时，他突然变得格外热情而豪放起来。边喝酒，边两手比比划划地谈论着什么。酒过三巡，他装出醉意朦胧的样子，瞅准机会，一手把一只九龙杯塞进了自己的公文包。

"若要人不知，除非己莫为"。这个外国人的举动被一个女服务员看到了。她立即把这情况告诉了饭店经理。

经理到宴会厅观察了一下，然后找几个人商量对策。

"直接到他皮包里去寻找是不行的，他会提出抗议，造成很坏的影响。"经理说。"想法把他引开，再悄悄地从他皮包里把九龙杯拿出来。"女服务员说。"在这个时候，他一时一刻也不会让皮包离开他身边的。"经理摇了摇头。"那就通知机场，明天上飞机之前，让他们把那个人的皮包扣下。"一个负责饭店保卫工作的人说。"情况复杂，夜长梦多，这一宿还不知又有什么变化呢？"经理微皱眉头，感到问题棘手。

经理突然想到，周总理正在上海，应该把这情况赶快报告给周总理。周总理听了汇报后，指示说："九龙杯是国家的宝贝，一套是三十六只，谁拿走一只，是绝对不允许的！一定要追回来，而且要有礼貌地、不伤感情地追回来。"周总理略一思索，问："今天晚上为外宾安排了什么活动？""宴会结束后去看杂技表演。"经理说。周总理一听笑了，说："这不就很好吗，让他们来欣赏一下中国杂技的奥妙。"说完，一一做了安排。

在杂技场里，一千多名观众都被精彩的表演吸引住了。包括坐在前排的外宾们。

帷幕又一次拉开，一位高个子魔术师颇有风趣地走上台，轻轻咳嗽了一声，好似感冒了。他从口袋里掏出一方白手帕，擦擦嘴巴，抹抹鼻子，双手又撮了两下，手帕随即无影无踪。与此同时，有两位女演员把一个方桌放在台中央，桌上放了三只九龙杯。

高个子魔术师走到桌旁，把三只九龙杯逐件拿给观众看，还轻轻敲两下，发出清脆的声响，说明这九龙杯不是假冒的。然后拿一块方布把九龙杯盖住。魔术师走开几步，从裤袋里掏出一只手枪，高高举起，"啪"地放了一枪。再掀去方布一看，桌上的九龙杯只剩下两只。

另一只九龙杯哪去了呢？正当观众感到奇怪的时候，魔术师走下台子，到了前排外宾席前，向着那位曾拿了九龙杯的外宾深深鞠了个躬，并请求把公文皮包打开。那位外宾虽然有些迟疑，但也不得不打开。魔术师从他皮包里拿出了那只九龙杯，举给观众看，然后拿着它走回舞台。

顿时，大厅里响起了一片经久不息的掌声。

在魔术师精彩的表演中，既顺理成章地"讨"回了九龙杯，又为那位意欲得到九龙杯的外宾保全了面子，周总理的安排不能说不巧妙。

即使别人犯了错误，而又证明我们是对的，如果不能为别人保留面子，那么就会毁了一个人。

所以，要改变人而不触犯或引起反感，给人面子是最有效的方法。

行走职场，
你需要曲直相结

在职场中，你可以耿直，但也要懂得一点方圆之道，做到直中有曲。方是一种做事的原则，圆则是一种做人的智慧。这是每一个职场人士都应该懂得的生存哲学。想要在职场中一帆风顺，就不能只会直而不会曲。

有时候，糊涂一点反而更好

在职场，做事做人，不妨学的"糊涂"一点，吃点亏没关系，要从长远的角度来考虑问题，不能为了眼前的蝇头小利而耍小聪明，出处算计别人。很多人为了逞一时之聪明，影响了长远的利益，赢得了一场战斗，却输掉了整个战役，这自然是得不偿失的。职场更是这样，偶尔糊涂一点，更利于自己的发展，退一步，海阔天空！

在职场也好，生活中也好，做人不能依仗自己过于聪明，凡事都不从长远利益的角度去考量，只贪恋眼前的利益或只图一时快活。否则"聪明反被聪明误。"过于自信自己的精明，把别人都当成愚笨的人，因此得意忘形，一时迷失了方向，判断上失去了准头，吃亏上当的不在少数，甚至搭上了性命。

曹雪芹的《红楼梦》王熙凤就是一个典型的例子。《红楼梦》对王熙凤的判词说得很好：机关算尽太聪明，反误了卿卿性命。精明人为何还能做出糊涂事？因为聪明使之过于自信，甚至到了自负的地步。"聪明反被聪明误。"所总结的就是这样的道理，有的人因为过于自信自己的精明，把别人都当成愚笨的人，因此得意忘形，迷失了方向，判断上失去了准头，结果吃亏上当不说，有的甚至搭上了性命。《三国演义》里的人物杨修就是最典型的一个。

一次，曹操命人建造一座花园，见好了以后，亲自来验收工程。他看了以后不给任何评语，只在花园的门上写一个"活"字，然后便走了。

众人都不明白这个"活"的含义，站在那里议论着。杨修看了后，说："在门上写'活'就是'阔'字，丞相是嫌门太宽了。"然后，竟擅自命人把门改窄。曹操知道后，嘴里虽称赞着，可心里却十分忌恶杨修这种自命不凡的小聪明。

还有一次从北国进贡来的礼品中有一盒酥，曹操便在盒上写了"一合酥"三个字，杨修见了，便擅自将打开拿出一块吃了起来，还把盒内的酥分给众人。曹操问他为何这样做，他得意地答道："盒上写明'一人一口酥'，丞相之命岂敢违反？"曹操听后，脸上虽存着笑，心却厌恶之极。

因曹操疑心重，总担心别人暗害他，于是告诫身边的人员，说自己梦中好杀人，你们不要靠近我。一天他睡午觉，被子掉在地上，一位侍勤人员马上进房把被子捡起来盖上。曹操突然从床上跳将起来，一剑把他杀掉，又上床再睡。睡了半天后起床，见地上的死尸，故意惊问道："谁杀了我的近侍人员？"大家告诉他经过，曹操放声大哭，给死者以厚葬。

大家都认定，曹操确有梦中杀人的病症，只有杨修心里明白是怎么回事。在送葬时，杨修对着死者的灵柩说："丞相非在梦中，君乃在梦中耳！"杨修因此惹恼曹操，后来被曹操借故杀了头。

杨修终于为自己的精明过人而付出了代价。

杨修的死和那个灭了火种而热了凉水的人，都跌倒在自以为是上，他们把自己的聪明用错在了地方，其教训不可不汲取。聪明伶俐自然是好事，但凡事要有度，所谓"水至清则无鱼，人至察则无徒。"杨修若是"傻"一点，也不至于连命都丢了。所以说该糊涂的地方就要糊涂，尤其对上司。不过，有些人糊涂，却只是为一己私利，对领导的错误，不仅糊涂，还要大肆赞赏，甚至追风而上。

职场如战场，职场更是一个利益场。眼前的利益固然重要，但是，很多时候，需要我们退一步，糊涂一点，放弃眼前的利益，从而获得更长远的利益。赢得了一场战斗，却输掉了整个战役，这自然是得不偿失的。职场更是这样，偶尔糊涂一点，更利于自己的发展，退一步，海阔天空！

职场如战场，职场更是一个利益场。眼前的利益固然重要，但是，很多时候，需要我们退一步，糊涂一点，放弃眼前的利益，从而获得更长远的利益。赢得了一场战斗，却输掉了整个战役，这自然是得不偿失的。职场更是这样，偶尔糊涂一点，更利于自己的发展，退一步，海阔天空！

做事果断，凡事争先

美国前总统老布什说："命运不是运气而是抉择；命运不是思想，更重要的是去做；命运不是名词儿是动词；命运不是放弃而是掌握。"在职场也是一样，只有果断行动，才能真正地做出成绩，而不是在机会面前犹豫不决。

在每个人的人生的道路上都有很多好机会，但是很多人都因为犹豫不决与机会失之交臂，所以，在职场做事，一定要做好果断决策，把握住时机，抓住良好的时机！所以，在重要的时候要果断决策，把握好时机。莫要错失良机！

曾经有一个性格内向的大学生，在大四的时候遇到了一个漂亮的女孩。但是，男孩太内向了，一点也不主动，尽管自己非常着急，但是始终拿不出来表白的勇气。尽管这个男孩子非常优秀，但是，对于爱情他没有勇气表白。

有一次，他跟女孩约好了上午8点去宿舍楼下等女孩去逛街。但是，女孩有个要求，到了楼下不许打电话，不许找人去叫自己，让男孩在楼下大声喊自己的名字，男孩犹豫了一下答应了。但是，那天正好是周末，早上8点楼下来来往往不断碰到女同学，很多女孩的目光都会扫向自己。

男孩在原地犹豫了半天终究还是没有喊出来，打女孩的电话女孩不接。过了一会另一个男孩来了，当他决定喊的时候，那个男孩已经大声地喊出了女孩的名字，女孩从阳台上挥招手，然后很快下来了。挽着那个男孩的胳膊走了。男孩呆呆地站在原地，终于明白，自己由于一时的难以决断，失去了一个绝好的机会，让自己心爱的女孩跟别的男孩走了。

后来才证实，女孩本想给男孩一个机会，接受自己，同时也让那个一直追女孩的那个男孩死心，但是，这个内向的男孩最终因为自己犹豫错过了唯一的一次机会！

做事不够果断，最终只能让自己后悔。在机会面前人人平等，只有用最快的速度，最准确的方向，大步向前走，而那些前顾后看、患得患失的人只会使自己与成功和幸福擦身而过。职场做事更是这样，更需要果断决策，该出手时就出手，先下手为强！

罗伦斯在70年代英国广播公司驻香港记者，曾经有很多重大的新闻被世界各大报转发，一度是受到关注。他在谈到自己决策的时候，有一个非常有意思的插曲：

一天，他在海滨的家接到一个电话，是伦敦总部打的，询问他"伊丽莎白皇后"号是否有新的进展。他回答，那是世界上最大的邮船，1930年在克莱德河上建成……

不对，对方的意思他没有听明白，对方解释说问的是目前的情况！

他依然没有想到问题的实质，还说：它就停在香港岸边，有人计划把它改成海上大学。

但是，对方说，那玩意儿现在正在燃烧。

他快步走到窗前，拉开窗帘。在他面前的港口上，那艘雄伟的邮船从头到尾都在熊熊燃烧，烟云蔽空。

当他明白这是一条重大的新闻的时候，他的决策已经慢了半拍，已经有报纸报道了该重大事件！

即使是最优秀的记者，面对重大新闻，也会有决策慢的时候，以至于错过抢独家新闻的机会。

问题的关键是什么？我们在考虑一件事情的时候，总是没有去从最本质的情况来出发，以至于让我们的怠慢延误了最佳的决策时机，最后我们可能失去很多好的机会。为人处事又何尝不是这样呢，当我们在深度思考自己的决策是否正确的时候，我们犹豫不决的时候，决策的最佳时机已经过去，我们追悔都来不及了，只能给自己留下遗憾！

对很多职场人士来说，职场有太多的障碍，种种复杂的人际关系，各自利益的纠纷，这必然导致做一些决策的时候无法做到果断，更不要说走在别人前面了。当机会向我们招手的时候，别忘了，只有我们自己果断地做出决策，不能在犹豫不决中错失机会！这也是"拯救"自己的最好的方法！

当机会来临的时候，当我们在犹豫不决的时候，机会走了，我们失去了最好的机会。我们可以弥补，但是，错过了最好的机会，我们很难做好完美。所以，在职场做事，该出手时就出手，先下手为强，办事果断才能把握更多的机会。时刻保持一颗清醒的头脑，时刻准备抓住每一个让我们成功的机会，一切因为我们的果断而完美！

收敛锋芒，直中有曲

在职场，锋芒毕露的人往往会让人感到不舒服，这个时候，你一定要懂得如何掩饰自己的光芒，不然让他太多刺激别人的眼球。职场中的人际关系非常复杂，同事之间是既竞争又合作的关系。如果不搞好与同事之间的关系，一味地在上司面前争表现，展露自己的锋芒，不顾及同事的感受，往往会让自己在同事面前成为众矢之的，不但使自己的晋职加薪无望，而且，上司对你更容易产生不好的印象，一方面认为你不擅长人际交往，缺乏群众基础；另一方面，认为你野心太大，对他迟早是一个威胁，从而打压你，给你的晋升之路设置绊脚石。

所以，身在职场，要想获得升迁，那就首先要做到不宜锋芒毕露，先处理好人际关系，把方方面面的关系都理顺了，再适时适当地展示自己的实力，既要让大家认可，又要让大家不至于感到难堪。不能一味地锋芒毕露，这样不仅对自己职场升迁无益，而且还会让自己四处树敌，一路坎坷。

在某公司，新进了一批大学生，有4个人被分进了市场部，林成功是其中之一。经过一个月培训的，他们正式上岗了。

接下来的两个月里，林成功工作非常努力，经常放弃和新同事打球、娱乐的时间，去查资料、搞调查。后来，他根据自己对市场的了解和判断，给市场总监写了好几封邮件，提出自己对部门的种种建议，这些建议都非常中肯，深受总监好评。他的业绩远远超过了同批进公司的其他新员工，据说连老总都注意到他，点名要给他提前转正。

但是，由于他锋芒太露，这使他在公司的人际关系非常不好。不知从什么时候开始，部门里另外3个和他一起进公司的同事开始孤立他。有时，他想跟他们开一句玩笑活跃一下气氛，别人都不理他，这让他非常尴尬。那些老员工也不愿意与他讲过多的话。林成功不知道问题出在哪里，也不知道怎么办。他感到非常郁闷，觉得自己像生活在孤岛上一样，坚持了半年后，他终于选择了"撤离"。

古语说得好，"木秀于林，风必摧之。"在职场上也是这样，一个人过于锋芒毕露，往往容易变成"出头鸟"。而"枪打出头鸟"是必然的，虽然这并不完全是"出头鸟"的错，但这至少是因为他的"强出头"而引起的。一方面老员工基于自身考虑，或多或少都不愿意和这些"后起之秀"太接近。

另一方面，作为同一个起跑线上的新人，如果其中一个太优秀或是出类拔萃，往往会招致其他人的妒忌，引起他们在心理上的不平衡，如果彼此之间不能及时沟通，双方之间的距离很可能会越来越远。而大部分境遇差不多的新人却会越走越近，在较长一段时间里"抱"成一团，而孤立这个"小团体"以外的"能人"。

所以，在职场上，一个人要想有所作为，既要"木秀于林"，又要防止"风必摧之"。即既要做到不被同伴们孤立、排挤，又要能够充分发挥自己的潜能，超越同伴，引起上司的注意，获得上司的认可。

劳伦斯·彼得说过，最大的危险是你不知道自己所处的地位。在职场中更是这样，每一个人都有一个"位置"问题，而个人的位置总是依赖于他的组织而存在。有些人认为，自己只是想做好分内的工作，就算是想表现表现，这难道有错吗！这种想法太单纯，太幼稚。因为职场是一个利益混合体，每一个人都在用自己的表现去为自己争取利益，如果你的表现在无意中伤害了其他同事的利益，肯定会招致他们的反感。

所以，身在职场中，一定要对自己的位置，对自己的处境有个清醒的认识，即使你有能力，要展露自己的锋芒也要等到自己根深叶茂时，而且要不宜展露得太过，因为过犹不及。

对于任何一位职场职场人士来说，想要在职场安身立命并且有所建树，首先应该以融入公司文化，与其他同事搞好关系，这是一个在职场发展的重中之重。只有你融入了公司文化，并与其他同事搞好了人际关系，这个时候，你才能适时地表露自己的才华，这样不仅会减少阻力，而且还会赢得同事的赞美和支持，让自己的职场之路尽可能减少障碍和阻力。

"出头的椽子先烂"在职场也是这样。对于任何一位职场职场人士来说，想要在职场安身立命并且有所建树，首先应该以融入公司文化，与其他同事搞好关系，这是一个在职场发展的重中之重。只有你融入了公司文化，并与其他同事搞好了人际关系，这个时候，你才能适时地表露自己的才华，这样不仅会减少阻力，而且还会赢得同事的赞美和支持，让自己的职场之路尽可能减少障碍和阻力。

有的话不用照单全收

在职场，做人自然要真诚一些，这样才能得到周围人的支持和帮助。我们可以相信别人，但是，不能轻信别人，特别是在职场，人与人之间复杂的利益关系交错，就更不能轻易相信别人了。

虽然说"害人之心不可有"，但是，"防人之心不可无"。千万不要轻易相信别人的话。很多时候，就是自己看到的也不一定是真实的，更何况是道听途说的呢？更何况说话的人跟自己有一定的利益冲突呢！所以，在职场也好，在生活中也好，都要不要轻信他人之言，这也是一种保护自己的方式。

不妨先看一个故事。

从前有个人，穷困无奈，房无一间，地无一垄，靠到处给别人打短工维持生活，时光过得很艰难。

一个偶然的机会，他得到一件粗制的短衣，于是穿在身上到处找活干。

有一个人见了，便对他说："我看你相貌堂堂，出身高贵，该是一个贵族的子孙，为何穿着这样粗制破旧的衣服呢？"

潦倒的穷人听到这些话，觉得这个人很有意思，问："你说我该怎样才能得到更好的衣服呢？"

那个人亲热地拍一拍他的肩膀说："老弟，我可以教你一个方法，会使你得到上等优质的衣服，你应当按我说的做，请放心，我决不会骗你的。"

穷人听了十分高兴，表示按他说的做。

那人便在他面前燃起一堆火，对穷人说："现在你可以脱下你的粗制衣服扔到火里。在这烧掉的衣服处，会使你得到最好的钦服。"

穷人毫不犹豫地脱下衣服扔到火里，等火一灭掉，他满怀希望地在火堆灰烬处，寻找钦服。当然，不可能找到什么衣物的。

为了得到虚无缥缈的皇家衣物，把自己的唯一的衣物都搭了进去，最终却落得个一无所得。

职场也是一样，很多人为了虚无缥缈的一句谎言，不惜冲锋陷阵，结果成为众矢之的，成为他人利益的跳板，相信这样的例子在职场数不胜数。还是中国那句古话，叫"防人之心不可无"。人的世界，虽然不像动植物那样种类繁多，但人的素质与个性却是光怪陆离的。看似凶恶的人，却可能心如暖阳；而看似老实的人，却可能有着蛇蝎心肠。不管和你交往的人长得是凶神恶煞，还是慈眉善目，他的话都要掂量掂量再相信。

清朝名臣曾国藩就曾有过这样一个因为没有防人之心而受到欺骗的故事。

　　曾国藩任官之时，向来都是礼贤下士，他也因此很得人们的敬重。有一天，一个陌生人前来拜访他。此人穿着得体，谈吐不俗，言论也十分精辟，曾国藩非常欣赏，待之若上宾。

　　后来，两人兴致勃勃地谈论起了当代人物，客人分析说："现在朝中有三人都不会受骗。胡林翼公办事精明，别人无法欺骗他；左宗棠公执法如山，别人不敢欺骗他；而曾公您则是以诚待人、虚怀若谷、以德感人、爱才如命，因此，别人不忍欺骗您。这可是胡、左两人无法与您相比的呀。"

　　曾国藩听后十分高兴，强邀他留下，并从此成了推心置腹的朋友。不久，曾国藩又交付他一笔巨款，托其代购军火。这次，令曾国藩没有想到的是这人竟拿了钱一去不返。曾国藩跺脚叹息道："好一个令人不忍欺！好一个令人不忍欺！"

　　相信很多人都有过和曾国藩类似的故事，所以，正如流行过的一句话——不要和陌生人说话。难道真的不要跟陌生人说话吗？那当然是不行的，那就需要在跟陌生人交谈的时候一定要多加小心了。还是那句话——防人之心不可无。

　　职场更是这样，不管是刚入职场也好，久在职场也好，防人之心不可无！任何一张笑脸后面都可能包藏祸心，任何一句赞美的背后都可能是赤裸裸的利益。所以，身在职场，我们不去害人，但是，不能不防人。不要轻信他人之言，一切让事实来说话，这也是对自己的一种保护，避免别人拿自己当枪使，也可以避免自己的利益不受损害。总之，一句话，防人之心不可无！

　　职场更是这样，不管是刚入职场也好，久在职场也好，防人之心不可无！任何一张笑脸后面都可能包藏祸心，任何一句赞美的背后都可能是赤裸裸的利益。所以，身在职场，我们不去害人，但是，不能不防人。不要轻信他人之言，一切让事实来说话，这也是对自己的一种保护，避免别人拿自己当枪使，也可以避免自己的利益不受损害。总之，一句话，防人之心不可无！

明辨职场中的是非曲直

职场为人处世，最忌讳的莫过于不辨是非，四处得罪人。这无疑是职场生涯的一个障碍，是职场人士不可不知的一种观点。是非很难分清，特别是在职场，明处暗处，里面外面，种种的利益交错，蒙蔽了一些人的双眼，于是，是非不分，误解别人，甚至打击别人，这无疑是错误的。

明辨是非是职场人士必备的能力之一，是职场方圆处世的一个重要内容，更是职场生存的不可或缺的知识。不能明辨是非，就可能误解别人，给自己和别人带来困扰，还会把事情办糟。

在楚汉战争期间，有一次，项羽的军队把刘邦围困在荥阳城。刘邦的大军基本上都被韩信带出去打仗了，刘邦就快到了绝境。

项羽觉得这一次刘邦肯定是跑不了了，他带领着楚军驻扎在荥阳城外，牢牢地把刘邦围在城内，就算有援军来救刘邦，也冲不破项羽的大军。项羽基本上是在等着荥阳城内粮食吃光，看着刘邦束手就擒了。

突然有一天，项羽在大营里听到有人议论，说亚父范增想自立为王，暗地里跟刘邦勾结在一起，正准备策动谋反，把自己灭掉呢。项羽听了这话，心里非常生气，他想：范增一直跟着自己打天下，经常给自己出谋划策，自己对他又敬又畏，尊称他为"亚父"。也就是干爹的意思。

在楚军大营里，范增应该是自己最信任的人了，想不到连这样一个人都要背叛自己，和敌人一起来对付自己，真是人心难测啊。尽管很生气，毕竟范增谋反的事还没有明确的证据，项羽也不好找范增当面对质，就把这件事藏在心里。从这儿以后，项羽在心里对范增提防起来，看到范增时总觉得他有事瞒着自己，就不再像以前那样信任范增了。

其实，项羽是个有勇无谋的人，他之所以能够聚集起那么大的力量，除了自己过人的神勇之外，更因为他身边有范增这么个足智多谋的人时时提点，给他出谋划策。很多次危急关头，都是范增出面化险为夷。可以说，没有范增，项羽决成不了大气候。这样一个人，跟项羽合作了那么多年，项羽对他的为人应该很了解才是，怎么相信他要谋反呢？而且，范增已经是七十多岁的老头子了，离死也不远了，要创业早该选在盛年时，老成那样还瞎折腾究竟图什么？这些都是项羽应该考虑的问题。可是项羽没分析得这么透彻，他有些相信别人的议论。

过了一段时间，项羽派一个使者到刘邦那里去办事。刘邦手下的智囊陈平热情地接待了使者，把使者迎到了贵宾室，又命令人上了一桌丰盛的筵席，山珍海味应有尽有。陈平陪着使者享用这顿美餐，吃饭的过程中，陈平多次向使者询问范增的近况，不停地夸赞范增。酒过三巡，陈平突然凑到使者耳边说：“范亚父有什么吩咐？”使者觉得莫名其妙，就说：“我是项王派来的人，不是亚父派的。”陈平非常吃惊地说：“我还以为是亚父派来的呢。”接着就让人撤掉美食，把使者引到一个简陋的房间去吃粗茶淡饭。陈平也不作陪了，一摔袖子很生气地走了。

使者觉得备受羞辱，就回去把事情的经过都跟项羽讲了。项羽认为范增果然是勾结刘邦，要背叛自己，就大发脾气。一怒之下，赶走了范增。范增根本就没有辨别的机会，看到项羽那绝情的样子，知道他无论如何也不会再相信自己，只好坐着马车踏上回老家的路途。一路上，范增怎么想怎么心痛、委屈、生气，就生了病。再加上一路颠簸，他那老迈的身体哪里受得了，就死在了回家的路上。

其实这一切都是陈平设的计，为的就是除掉范增这个大障碍。从花金买通楚人散布谣言，到那场精彩的大戏，都是陈平精心策划的结果。

项羽在这个过程中不能明辨是非，活活冤死了范增。失去了范增以后，刘邦又用陈平计谋逃出荥阳城，项羽的事业渐渐走了下坡路。

项羽不能分清是非，对合作多年的义父也产生了怀疑，最后竟然和范增决裂，这正中了敌人的奸计。这样的人怎么能够成就大业呢？看来，项羽自刎乌江不是什么天意，而是他自己不能明辨是非所致。

职场更是这样，明辨是非是一种必备的能力，只有明辨是非，才能真正地聚集人缘，才能有自己的良好的人际关系，才能真正地为自己的职场生涯修桥铺路。

明辨是非是职场生存的一种必备的能力，明辨是非是一种必备的能力，只有明辨是非，才能真正地聚集人缘，才能有自己的良好的人际关系，才能真正地为自己的职场生涯修桥铺路。

过于较真并不是耿直

职场中，常常有一些人工作能力很强，但是，有一个缺点就是事事较真。而这样的人，尽管工作能力不错，但是，却一直没有升职加薪的机会，并不是因为他的上司不愿意提拔他们，而是同事以及下属拆台，所以，始终未能升职加薪。事事较真，往往会出问题。在一些小事上不与人计较，却可以趋利避害，为自己留出一条退路，也是为自己找一条出路。

人与人交往是为了交流感情，增进友谊，而不是为树立敌人和较真，较真不仅会让双方形成不佳的心情，也会影响自己的职场生涯。特别在职场中，这样的人并不少见，而这类人尽管工作能力强，但是，却是比较讨厌的那种人。而那些做事懂得方圆，不事事较真的人，反而有更大的发展空间，更容易得到人们的认可。

在北宋时期，有位宰相叫王旦。他的曾祖父、祖父和父亲都学识渊博，并且都曾在朝廷任职。王旦的父亲对王旦严格教导，在长辈的风范的潜移默化下，王旦从小就出类拔萃。在王旦23岁那年，他考中了进士，很快就到平江做知县。从那以后，王旦官运亨通，到宋真宗时期，他做到了宰相的位置上。王旦对宋真宗忠心耿耿，尽职尽责，他除了具备政治才华外，也是一位处世高手。他为人忠厚，心胸宽广，从来不会为一些小事斤斤计较，遇事很少较真，且总会给人留足面子，给人台阶下。

有一次，王旦的一位亲戚出于好奇想试试王旦是不是真正的待人宽容，于是，就趁王旦不注意故意往他的肉汤里撒了一些灰，当王旦看到肉汤中有灰尘的时候，便不再喝那汤。亲戚问他为什么不喝肉汤，他说："我突然不喜欢吃肉了。"后来，亲戚又想办法把王旦的饭也弄脏了，王旦只是淡淡地说："我吃不下饭了。"并没有因为亲戚的故意而生气，亲戚都被他为人大度所折服。

尽管王旦为人宽厚，但是依然会遭到别人的批评和诋毁。而寇准就是说王旦坏话最多的同僚。原来王旦和寇准是同一年考中进士的，但是寇准的官没有王旦大，心里有些不服气，于是，经常在宋真宗面前说王旦的坏话，有的时候甚至会在朝廷文武百官面前指责王旦。但是，王旦丝毫没有因此而记恨寇准，反而每次跟皇上谈及寇准的时候，都会真诚地称赞寇准的才华和能力。

所以，即使皇上也王旦抱不平，一次，皇上对王旦说："王旦，你经常在朕面前称赞他、夸奖他，可是寇准每次都要在朕这里说你的短处。"若是像和珅那样的人，看到连皇上都在为自己打抱不平，定然会在皇上面前喊冤叫屈，甚至恶意中伤政敌。但是，王旦却没有因为寇准对自己的敌意而在皇上面前说寇准的不是，而是坦然地说："那是当然的了，毕竟我在位的时间长，办事多，一定在某些地方有失妥当，寇准恰巧把我的错误和过失毫无避讳地向皇上您提出来，这是好事啊，这足可以彰显他的正直，我之所以很看重寇准，也就是出于这个缘故。寇准是我的良师益友，国家有这样的官员，也是国家之福。"皇上听到王旦这样说，无疑对王旦又增添了一份敬重之意，说道："人们常说宰相肚里能撑船，我看你就是这样一位宰相！"

但是，寇准不仅没有知恩图报，反而像从前一样，还是经常在皇上面前揭王旦的短，无端地说王旦的不是。有一次，王旦在处理一件公事上没有处理好，按照法律来说确实是弄错了。而正好这个公事要经过寇准的审核，寇准见状就毫不客气地把这事禀报了皇上。皇上知道了事情的前后因果后，就严厉责备了王旦。王旦很坦白，承认了自己的错误，没有表示出对寇准不满的意思。

这事之后不到一个月，王旦和寇准的角色调换了，这次是寇准办错了一件公事，而正好这件事由王旦审核，不是冤家不聚头，但是，王旦却没有像寇准那样去向皇上打小报告，而是把这件公事送还给了寇准，没有伺机报复。这件事让寇准觉得很惭愧，于是他主动上门连声道谢："仁兄的度量真大，我应该向仁兄好好学习。"

寇准后来曾托人私下求王旦推荐他做宰相，王旦并没有答应，而是说："将相之任，怎么能自己求呢？"寇准以为王旦不会推荐自己做宰相了，又对王旦心生不满。但是，王当认为寇准是一个有才之人，国家需要这样的人才，于是王旦就向皇上推荐寇准，请求皇上赐予他宰相的职位。虽然王旦没有接受寇准的贿赂，但是，却因公向皇上竭力称赞寇准的才能，建议给寇准以宰相之职。皇上对王旦的建议自然是欣然采纳。

在如愿当上宰相之后，寇准感激地对皇上说："还是皇上了解我，不然怎么会让我担此重任。"皇上却告诉寇准之所以让他当宰相，完全是因为王旦的极力举荐。寇准听后感慨万千："王旦的气量我实在是比不了的。"王旦的度量终于感动了寇准，于是寇准一心一意地辅佐皇上，终成一代名相。

王旦也为人传颂，他宽宏大量、公而忘私、为国举贤、忠诚不二，无一日不为国家大局着想。

试想，如果王旦事事较真的话，那么，他会轻易宽恕亲戚吗？更不要说放过寇准，他用一种大胸怀包容了别人，以宽容之心为自己趋利避害，赢得了他人的尊敬。职场中的圆通之术又何尝不是如此呢？

职场如战场，职场更是没有硝烟的战场，职场拼的不是武力，而是智慧，做人的智慧。对于那些事事较真的人，无疑是为自己埋下了隐患，而这些隐患注定会成为这些人胜利的障碍。只有那些懂得宽容，懂得方圆处世的人，才能真正地取得这场没有硝烟的战争的胜利！

职场如战场，职场更是没有硝烟的战场，职场拼的不是武力，而是智慧，做人的智慧。对于那些事事较真的人，无疑是为自己埋下了隐患，而这些隐患注定会成为这些人胜利的障碍。只有那些懂得宽容，懂得方圆处世的人，才能真正地取得这场没有硝烟的战争的胜利！

职场上亲君子远小人

职场中，我们遇到过很多人，有的人刚直不阿，为人仗义爽快，而有的人，睚眦必报，一点不愉快的小事都会怀恨在心。得罪君子，我们不会害怕，毕竟君子不会对你背地里使坏，而小人就万万得罪不起了，他们会在你背后打黑枪，使绊子，只要你得罪了小人，那你后面做事觉得不会顺利，关于你的谣言也不会少。所以，在罪人之前，最好要好好考虑一下，多一个朋友，总比多一个敌人好。

中国自古就将人分为两种　君子和小人。可谓泾渭分明，界限清晰，爱恨自不必多言。但很多时候，我们得罪得起君子，却得罪不起小人。因为君子爱讲正理，小人总说歪理；君子追求和谐，小人存心捣乱；君子言行一致，小人阳奉阴违；君子严责自己，小人暗算他人；君子总在明处，小人常在暗处。

郭子仪晚年退休家居，不问政治，忘情声色以排遣岁月。那时，后来的宰相卢杞还未成名。

有一天，卢杞来拜访他。而他正被一班家里所养的歌伎们包围，歌舞升平，正在得意地欣赏玩乐。一听到卢杞来了，郭子仪马上命令所有女眷，包括歌伎，一律退到大会客室的屏风后面去，交代她们一个也不准出来见客。

他单独和卢杞谈了很久，等到客人走了，家眷们不解地问他："你平日接见客人，从来没有避讳我们在场，谈谈笑笑，为什么今天接见一个书生却要这样的慎重？"郭子仪说："你们有所不知，卢杞这个人，很有才干，但是他心胸狭窄，睚眦必报。他的长相很不好看，半边脸是青的，就好像庙里的鬼怪。你们女人们最爱笑，没有事也爱笑一笑。如果看见卢杞的半边蓝脸，一定要笑，这样他一定会记恨在心。一旦他得志，你们和我的儿孙，一个也别想活成了！"

不久卢杞果然做了宰相，凡是过去对他稍有不敬的，一律没能免掉杀身抄家的冤报。只有对郭子仪的全家格外照顾，即使郭家稍稍有些不合法的事情，他还是曲予保全，认为郭令公非常重视他，大有知遇感恩之意。

生在礼仪之邦的国人，最忌讳的就是被别人说成是小人。小人似乎成了所有卑劣行径的代名词。而君子则不同，君子是人人崇尚的，大概只有想成为君子的小人，而没有想成为小人的君子。君子与小人究竟区分何在呢？君子老实做事，襟怀坦荡，温和如三春暖风；而小人则弄虚作假，鼠肚鸡肠；阴险如冬日严霜。因此，切不可不把小人放在眼里。

刘海是负责销售彩电的推销员，一个不留神得罪了一个客户。但是，这个客户却好像丝毫没有在意，甚至还要和他签一张50万元的大单子。刘海本想拒绝，看着人家一脸的成绩就签了合同。本来都已经讲好一方交货，一方付款，两不相欠，可是等到刘海把货物送到之后，客户却说先付一半的钱，剩下的钱他明天再给。结果这笔钱一拖再拖，刘海受到公司领导的严肃批评，这才想起得罪客户的事情，才明白这个客户是一个睚眦必报的小人。刘海在客户的公司等了几天，终于等到了客户。

客户见过刘海依然是一副热情的样子，然后客户就带着刘海去了一家饭店，在饭桌上一直频频地劝刘海喝酒。刘海是个很聪明的人，他看出客户是想把他灌醉，然后把货物带走。刘海就假装被他灌醉了，结果客户真的准备偷偷把货物带走，在客户装货的时候，刘海站在了他面前，说："要不你把剩下的货款交给我，要不我就报案。"客户没有办法，只好乖乖地把余下的款项都交清了。

在职场，做人一定要懂得方圆规则，该方的时候方，该圆的时候圆，尽量避免自己做得罪人的事情。得罪了君子就罢了，得罪了小人，那就得不偿失了。君子可以防，但是，小人却防不胜防！所以，在人之前，最好要好好考虑一下，多一个朋友，总比多一个敌人好。万不得已，宁可得罪君子，也绝不得罪小人！

做人坦荡一点，做事踏实一点

在职场，做人做事该方的时候一定要方，该圆的时候就一定要圆，只有这样才能真正地取得做人做事上的成功。做人只有做到坦荡真诚，才能赢得别人的尊重和帮助；做事只有脚踏实地，才能坚持不懈，一步一个脚印地走向成功。职场也是这样，在职场做事，脚踏实地，这是一个重要的内容；在职场做人，坦荡真诚，这是职场为人的准则。

古训云："诚以待人、无物不格。"不必总带着厚厚的面具，穿着沉重的铠甲，说违心的话做违心的事，做人只要坦荡真诚，做事脚踏实地，这样才能把事情做好，成功地做人。诚者，成也。想要成就一番事业，做人要坦荡真诚，做事须脚踏实地。

坦荡并非生而有之，然坦荡之人，胸怀必然宽广，为人真诚，做事光明磊落、脚踏实地，用自己的双手掌握人生航船。坦坦荡荡做人，脚踏实地地做事，才会得到幸运之神的青睐。

艾尔和比尔是一家速递公司的两名员工，在工作上，他们俩是非常好的搭档，工作认真，成绩出色。老板对这两名员工感到非常满意，但是，满意的同时也为此发愁，因为公司准备设一名客户部经理，面对这两名出色的员工，老板不免有些难以决断。

在老板还在犹豫不决的时候，发生了一件事，让老板终于决定了升谁为客户部经理。

那天，艾尔和比尔一起负责把一件非常贵重的古董运送到码头，老板在他们出发前多番叮嘱，一定要小心保护古董。但是，送货车在半路上就出点了意外，他们只能下车，准备修车。公司有规定，如果不能够按时将货物送到，他们都会被扣掉一部分奖金。

艾尔决定，自己背着货物，跑到码头。很快他们就在规定时间之前赶到了码头，这个时候，比尔对艾尔说："我来看一会吧，你去找货主。"比尔心里在打自己的小算盘，如果客户看到自己背着货物，一定会把这件事告诉老板，这样的话老板没准还会为自己加薪。比尔只顾打着自己的小算盘，结果当艾尔递给他货物的时候，他没有接住，货物一下子掉在了地上，"哗啦"一声，那个贵重的股东碎在了地上。

"你是怎么回事？我还没有接住你就放手。"比尔冲着艾尔大声喊道。

"可是你明明伸手了，我递给你的时候是你没有接住。"艾尔辩解道。

艾尔和比尔都知道打碎了股东对他们来说意味着什么，丢掉现在的工作是小事，更重要的是他们还得面对沉重的货物赔偿。

两个人忐忑不安地回到公司，老板知道以后，狠狠地训斥了他们一顿。

老板训斥完他们就让他们先出去等待处罚。比尔趁着艾尔不注意，偷偷地又跑回了老板的办公室。比尔对老板说："老板，摔碎古董不是我的错，是艾尔一不小心摔碎的……"老板听完了比尔的描述，平静地对比尔说："好了，我知道，谢谢你，你先回去吧。"

接着老板把艾尔叫进了自己的办公室。看着艾尔进了老板的办公室，比尔心里偷偷地笑了，长长地舒了一口气。

艾尔进了老板的办公室，将事情的经过对老板讲了一下。最后说："对不起，老板。这件事是我的失职，我愿意承担全部责任。比尔的家里条件不太好，他的责任我愿意承担，我来赔偿客户的损失。"老板没有说话，只是让比尔先回去等处理通知。

等待是最漫长的，艾尔和比尔在痛苦地等待着处理结果。第二天，老板把他们都叫进了自己的办公室。老板说："你们来的时间也不短了，我一直非常欣赏你们两个，这段时间我一直在考虑从你们两个中间选一个人担任客户部经理，其实我也一直在左右为难，但是，没有想到你们出了这样一件事。"

"不过，发生这件事也不一定是坏事，因为这件事让我更清楚地认识了你们，我也有了最合适的人选。我决定，请艾尔担任客户部经理，因为，他是一个勇于承担责任的人，这样的人是值得信任的。比尔，我已经通知财务给你结算工资了，一会你去领你的工资，今天就不用上班了。"

"可是，老板，为什么呢？"比尔问。

"实话跟你说吧，其实，古董的主人看到了你们再递接古董时的动作，他对我说了他看到的事实。还有，我看到了出了问题以后你们两个不同的态度。"老板说。

结果，艾尔成客户部的经理，而比尔则失去了一份不错的工作和大好的前程，原因就是做人不够坦诚，做事不够踏实。在老板看来，只有做事坦坦荡荡的人，做事才能踏踏实实。尽管比尔做事看起来不错，但是，如果真的让比尔去独当一面，难免会因为做人不够坦诚做出一些出格的事。而这也是任何一个老板所不允许的。

"坦坦荡荡做人，踏踏实实做事。"坦荡做人，是一种气魄，是一种胸怀，是一种魅力，踏实做事，是一种责任，是一种精神，更是一种品质。"坦坦荡荡做人，踏踏实实做事"是一种为人处世的经典原则，只有这样，才能真正地赢得别人的支持和帮助，不断地去接近成功。

"坦坦荡荡做人，踏踏实实做事"这是职场做人做事的一项重要要求。只有遵循这个基本的做人做事准则，这样做人才会有原则，做事才会有态度，一个原则，一个态度，相信，每个人成功的小径都会是遍地花香的，只有做到这点，职场之路才能走得更顺利，才会取得更大的成绩！

职场上交流的
注意事项

十年修得同船渡，能够有幸成为同事，缘分之深是不言自明的。

同事间的交往，恐怕仅次于家庭成员间的交往了。因此，我们说，同事关系是家庭之外最为重要的社会关系，所以，如何与同事共事、相处，对一个人工作是否顺心如意、能否成功晋升有着举足轻重的作用。

俗话说：会干的不如会说的。职场中，有些人默默无闻地做了很多事，但是却一直没有提拔的机会；有些人虽然工作未必有多勤奋，却能够在职场上平步青云。可见，会说话在职场中是多么重要。要想打动领导帮你加薪、升职，你就应该懂得如何说话，如果用语言打动你的领导。

创造你的交际优势

交际的成败与双方在交际过程中谁占有较多的优势有关。这叫"交际优势"。善于建立和利用优势的一方往往可以取得交际主动权，从而在一定程度上左右对手，并按照预定的方向发展，取得交际的成功。

交际优势有两种：一是本色优势，比如地位、财富等赋予人们的某种优势。二是争得的优势，就是发挥主观能动性，调动自己的智慧，开发创造出来的交际优势。比较而言，后者更具有重要的意义。下面略举几例：

1. 制造形象优势

有一家公司经营不景气，产品积压，资金短缺，发不出工资。为了摆脱困境，必须开拓市场。有一次，经理与一位港商谈判，希望能得一份订单。他在经济十分拮据的情况下，把谈判的地点定在一家四星级宾馆，还从友邻单位借了一辆豪华汽车，又带上秘书和人员，以这样的阵容出现在对方的面前。结果，这次谈判很顺利，他们接到了订单，工厂出现了转机。经理很善于创造优势，他通过选择谈判地点、车辆等加强了自己的交际形象，给对方造成一种有实力的印象，因而使他在谈判中处于主动地位。

2. 塑造偶像优势

一天，有位衣着简朴、形象清瘦的老者来到一个单位的招待所，要求住宿。招待员一看他的样子，就说："我们这里没有空床。"就不理会他了。

这个老人一看，长叹了一声说："哎，真没有想到，当年我们是冒着枪林弹雨解放了这个城市，现在却连个住的地方都没有！"他的话音未落，对方一怔，马上说："同志，对不起，是我失礼了。"便给他安排了住处。这位长者是一个离休干部。他用叹息的口吻，说出了自己的经历和贡献，这些对于一个年轻人来说无疑也是一种优势。可见，有时候一个人的资历也可以造成交际优势，只要你用适当的方式把它们展示出来。

3. 展示成果优势

有一位青年学者到特区谋职，他没有像一般人说自己有多大的本事，也没有夸夸其谈，他抱了一摞书，走进应考室，给每个考官一本，说："这是我这几年出版的几本有关的书，请各位领导指教。"这几本书一放，几个领导的眼神立即发生了变化，在审视中透出了敬意，接着用商量的口吻说："你到我们单位来，有什么想法？"他们发现了一个人才，也可以说是自己送上门来的人才，岂能放了？这次会见，一锤定音，他被录用了。显然，这个青年是用了心计的，他知道如何推销自己。通过实物展示自己的才干，这种优势是很有征服力的。

4. 利用地域优势

有一位北方来的客人，到海南岛办事。接待他的是一个当地青年。交际一开始青年就把门关了，说："这件事不好办。"没有谈判的余地了。接着，他问："你去过北京吗？""没有，很想去的。可是没有机会。"他抓住这个口实，说："我是北京人，你要去北京，我来安排你的吃住行。"这样一说，青年的口气不同了。接下去他们谈得十分的投机，刚才已经结束的话题又重新提起并且前景光明。

一般边远地方的人对于首都有一种天然的向往之情。这位北京人很好地利用对方的这种心理，及时展示自己的地域优势，彼此之间的距离也就拉近了很多。其实很多地方都有令人向往的内容，都可以成为你的资本，关键看你是否会用。

方法还有很多种，不一一列举了。仅从上述事例可以看出，在交际中，只要开动脑筋，总是可以为自己制造出某种优势的。不过，在利用、创造和展示自己优势时，必须注意以下几个问题：

一是应该认识到优势是相对的，要因人而异。对于任何一个人来说，优势没有绝对的意义，只有针对具体人才称得上是优势。这就告诉我们，在展示自己的优势时，要根据对方的情况来决定，不能一厢情愿。比如，地理上的优势对一个同乡来说，就不是什么优势，只有对于那些远离此地的人才有吸引力。再如，一个大款对于普通人有财力上的优势，可是他一旦出现在百万富翁的面前，就相形见绌了。

二是要根据现场的情况灵活地利用优势。交际者要有很强的观察力和判断力。要根据交际现场的情况变化，及时捕捉信息，抓住对方的劣势和心理，以此决定自己的对策，展示和创造自己的优势。

三是展示优势要自然得体，不要弄巧成拙。特别是借助性优越，如前述那位经理借车会客，就存在一定的虚假性，如果表现过了头，就可能走向反面。

不要与同事在语言上较劲

有些人，争强好胜惯了，不论跟人争什么都喜欢赢。在日常生活中，争执可以说是到处都存在着，一场电影、一部小说、一个特殊事件、某个社会问题，甚至某人的习惯、发型或者服饰都有可能引起争执，有些人不管对方观点如何，都会坚持自己的观点正确的，也非说得对方哑口无言才肯罢休，甚至对方都哑口无言了，他还要添一句"看吧，我就说是这样的嘛"。你以为你赢了，你以为你占到便宜了，事实上呢？

看完下面这个故事，也许你就能明白了。

第二次世界大战刚结束的一天晚上，卡尔在伦教学到了一个极有价值的教训。有一天晚上，卡尔参加了一场宴会。宴席中，坐在卡尔右边的一位先生讲了一段幽默的笑话，并引用了一句话，意思是"谋事在人，成事在天"。他说那句话出自《圣经》，但他错了。

卡尔知道正确的出处。一点疑问也没有。为了表现出优越感，卡尔一本正经地指出那句话应该是出自莎士比亚。那人立刻反唇相讥："什么？出自莎士比亚？不可能，绝对不可能！那句话肯定是出自《圣经》。"

那位先生坐在卡尔的右边，卡尔的老朋友弗兰克·格蒙坐在他的左边。格蒙研究莎士比亚的著作已经有很多年了，于是他们都同意向格蒙请教。格蒙听了，在桌下踢了卡尔一下，然后说："卡尔，这位先生说的没错，那句话确实是出自《圣经》。"

那晚回家的路上，卡尔对格蒙说："弗兰克，你明明知道那句话出自莎士比亚。"

"是的，当然。"格蒙回答道："《哈姆雷特》第五幕第二场。可是，亲爱的卡尔，我们是宴会上的客人，为什么要证明他错了？那样会使他更喜欢你吗？为什么不给他留点儿面子？他并没有问你的意见，他不需要你的意见，为什么要跟他抬杠？一个人应该永远避免跟别人正面冲突。"

在职场中，我们常常会和同事进行讨论，如果观点相同，倒是彼此愉快和谐地结束；如果观点相悖，这场讨论就会升级到争论，各自持着自己的观点非争个输赢不可。其实，无论谁输谁赢，这都是一场输的争论。即使你善于雄辩，每次都能把对方说得哑口无言，那也只能说明你只是嘴巴很厉害而已。而事实上，这样的人其实是不会说话的表现。因为一个人在口头上战胜了别人，反而会伤了对方的自尊，即使对方口服，但是心里可能不服，甚至心里会对你产生怨恨的情节。如此一来，你的职场人际关系反倒不好了。

永远记住办公室是办公的地方，在处理公事上难免有意见不合时，所以与同事意见不合时平心静气地就具体的问题商量讨论，站在对方的立场来着想，让对方想要与你合作，客观地说明利害关系，凡事以公司的利益为重。这样一来，别人自然会认为你公正又讲理，毫无顾虑地与你合作。假使你每次和同事意见不合，都非要用激烈的言辞说服对方，久而久之，大家都会对你产生好胜的印象，而不愿与你合作了。

此外，在交谈中，我们还应当避免争论的话题，即使你对这个话题有坚定不移的立场，最好也不要提起，因为争论很容易造成敌对心理，争执双方很快会陷入"竞争状态"，舌剑唇枪，互不相让，很少有人能对敌对者的攻击采取温和的反应，所以最好不使善意的讨论变成争论。

哪些话题不该与同事聊

在工作空隙阶段，聊天就成为办公室的人打发时间的主要形式，聊天的范围虽然不受限制，但它有时却显得非常关键。在办公室中，大家都处于竞争的状态，所以在说话的时候一定要注意，不要对什么事都打听，也不要胡乱说话。俗话说"祸从口出"，为了不给自己招惹麻烦，一定要管住自己的嘴巴，知道哪些话在办公室中不该说。

1. 薪水问题

探听别人的薪水，是每个公司的大忌。因为同事之间的工资往往都是有差别的，"同工不同酬"是老板常用的一种奖优罚劣的手法。但这个手段是把双刃剑，如果使用不当，很容易造成员工之间产生矛盾，而且最终会将矛头直指老板，这当然是他所不想见到的，所以他对好打听薪水的人总是格外防备。

有的人打探别人时喜欢先亮出自己，比如先说"我这月工资多少，奖金多少，你呢？"如果他比你薪酬多，他会假装同情，心里却暗自得意。如果他没有你收入多，他就会心理不平衡了，表面上可能是一脸羡慕，私底下往往不服，这时候你就该小心了。

首先你不要做这样的人，其次如果你碰上这样的同事，最好早点做好准备。当他把话题往工资上引时，你要尽早打断他，以公司的规定来使其闭嘴；如果他已经提了，就用幽默语言来处理。你可以说："对不起，对这件事我不想发表任何言论。"有来无回一次，他下次就不会问了。

2. 人生理想

不要在办公室里谈你的人生和理想。既然你是在打工，那就安心打工吧，雄心壮志的话可以在你自己的私密空间和家人、朋友说。在公司里，不要没事时整天念叨"我要当老板，我要创业"，这样说很容易招来非议与排斥。

如果你在办公室里说，"在公司我的水平至少够副总"或是"35岁时我一定能干到部门经理"这样的话，很可能就将自己放在同事的对立面上。你公开自己的进取心，就等于公开向公司里的其他同事挑战。

做人要低调一点。你的价值体现在做多少事上。虽然现在的社会讲究表现自己，但是在该表现时表现，不该表现的时候就得低调做人。俗话说，"胸有激雷而面如平湖者，可拜上将军"，所有成大事者都是低调的人。

3. 私人生活

如果你在生活中正在热恋或者面对失恋，你要隐藏你的情绪，千万不要把情绪带到工作中来，更不要把你的故事带进办公室。

虽然你的话题很容易引起大家的关注，但那只是一时痛快。当你在说自己的私事的时候，要知道说出口的话如同泼出去的水。日后如果遇到什么矛盾，你的这些隐私，很有可能就是别人攻击你的把柄。

办公室中可以说风云变幻、错综复杂，把自己的隐私保护起来，不要在办公室中谈论，轻易不让办公室的人涉及你的私密世界，是非常明智的一招，是竞争压力下的自我保护。

同时也要注意，"己所不欲，勿施于人。"不在办公室说自己的私密，也不要打听别人的私事，更不要议论公司里的是非长短。你以为议论别人没关系，到最后很有可能引火烧身，等到火烧到自己身上，那时再"逃跑"就显得被动。

一定要牢记这句话：静坐常思自己过，闲谈莫论他人非。

4. 别人的隐私

我们都很讨厌别人知道自己的隐私，而且在生活中由于探听和泄露别人的隐私所引发的矛盾数不胜数。所以，那些热衷于打听别人隐私的人是令人讨厌的。

大家都知道，在西方人的礼节中，"探问女士的年龄"被看成是最不礼貌的习惯之一，所以西方人可以对女士毫无顾忌地大加赞赏，却不过问对方的年龄，这是"不能说的秘密"。

如果在工作中你打算向同事提出某个问题，最好先想一下，看看这个问题是否会涉及对方的个人隐私，如果涉及了，要尽可能地避免，这样对方不仅会乐于接受你，还会为你得体的问话与轻松的交谈而对你留下好印象，为同事间的交往打下良好的基础。

5. 不要炫耀

我们在社会交往和工作中要对别人坦诚相待，但是并不是说要无原则地坦诚，而是要分人和分事的。哪些话该说哪些话不该说，心里必须有分寸。

就算你刚刚新买了车子或利用假期去欧洲旅游了一次，也没必要在办公室里炫耀。被人妒忌并不是好事，最容易招来明枪暗箭。

无论露富还是哭穷，在办公室里都显得做作。与其讨人嫌，不如知趣一点，不该说的话不说。

总之，我们要想在办公室这个纷繁复杂的环境中求生存，想要在激烈的竞争中立于不败之地，那就需要我们掌握更多的说话技巧。这些技巧需要我们在工作中不断积累，才能最终提高自己。

与同事沟通，要因人而异

该如何与同事相处，并没有标准答案。但是与同事之间的沟通可以因人而异。在这里，"因人而异"不是势利的意思，而是说要根据每个人的性格特点采用不同的沟通方式。只有这样，才能与更多的同事相处愉快。

1. 对内向的人开玩笑不能过分

有些人比较爱开玩笑。可是，他们常犯的错误是不分场合，不分对象，见到什么人都嬉皮笑脸。如果对方是个内向的人，特别是在工作中，有他人在场时，你同他开比较过分的玩笑，他们会感到破坏了自己稳重的印象，会很不高兴。

小敏虽然内向、不爱说话，但她平时的生活是无忧无虑、自由自在、开开心心的，很少有什么烦恼。可是现在却因为一件小事让她寝食难安。原来，一位总爱开玩笑的女同胞在元旦要狂欢一场，下班后给她发了这样一条短信"亲爱的，你今晚有兴致出来吗？如果不出来，我就在你家门口一直等你到天明。"

小敏忙于做饭没听到，却被老公看到了，一口咬定她有第三者，小敏告诉老公那是女同事的电话，老公非说她是找借口。可是小敏又不善言辞，解释不清，因此，家庭冷战了好长一段时间。为此，小敏对同事也有意见。

一般说来，性格内向的人脸皮较薄，不像性格外向者那样大大咧咧，他们也多不善言辞，不爱在众人面前表现自己。因此，最好不要和他们开过分的玩笑，以免引起不必要的误会。

和他们说话，最好一是一、二是二，不要乱开玩笑。即便开玩笑，也要注意分寸，不要让他们下不来台。

2. 对外向的人要直截了当

对于性格外向、直率豪爽的人，说话就不必藏着掖着，更不必拐弯抹角，因为他们不喜欢这一套，这样会给他们装模作样的感觉，如果你拐弯抹角，只会令他们反感。因此，可以直截了当、开门见山地和他们交流。即使你们彼此起了争执、冲突，对方可能也会觉得这是很过瘾、很有效的沟通方式。如果你觉得吵得太过厉害，感觉不舒服，也不妨直接告诉对方你的感受。如果他意识到是自己不对，可能马上就会停止争吵。

当然，你也可以和他们开一些无关大局的玩笑，只要不太过分，他们都不会计较。不过你要做好被他们反唇相讥的准备。因为当众说话表现自己也是他们的爱好之一。

3. 对敏感的人要多加关心

那些过于敏感的人，总是担心别人会取笑他们。特别是当他们要面对众人表达自己的想法时往往有困难，所以不要在这方面给他们太大的压力，不要讥笑或批评他们的多疑，这会使他们更缺乏自信。要表现出亲切的善意，以减轻他们的紧张、焦虑。

当他们心中有一些难以启齿的隐私时，要用关爱的语气问问他们当下的感受。让他们感觉到你是真心关心他们，让他们有机会发泄不良情绪。

当他们发挥自己的才华而有所贡献时，一定要记住当面夸奖他们，因为他们容易否定自我，这样做会给他们极大的信心。

4. 对具有艺术气质的人要重视他们的感觉

比如，与爱好文学艺术、想象力十分丰富的人沟通，一定要重视他们的感觉，不要老是以理性来要求他们、评断他们，因为他们通常对那些枯燥的理论和呆板的说教不感兴趣，他们也不喜欢过于严肃、拘谨、无趣的人。因此，可以用直觉或形象的方式和他们对话，这是他们乐于接受的。

另外，在言行中也不要表现出要控制他们、干涉他们的意思。他们向往的是自由和无拘无束，因此，要给他们充分的话语权和沉思的权利。他们感到你对他们的尊重，就会和你成为好朋友。

5. 和性格平和的人说话应不温不火

有些人性格既非典型的外向型也非内向型，说话总是不偏不倚，看不出他们的立场观点，这也许是因为他们性格比较平和。因此，对于这样的人，切不可直言，说一些偏激的话，可以含蓄委婉地说一些不温不火的话。

6. 和理性的人应说话简明扼要

对于那些头脑清晰、说话逻辑性强的人，不必"穿靴戴帽"，说话要挑重点，简明扼要，三言两语能说清楚最好。因为他们判断力很强，常常你说了上句，对方就猜出了下句的意思，没必要啰唆。

对于他们，如果时间充裕、心情好的话，可以开一些高雅的玩笑。这样既能调节气氛，也能让他们对你留下深刻的印象。

当然，在现实生活中，每一个人的性格可能都比较复杂，而且，随着年龄、地位、环境等因素的变化，人的性格会有很大的变化，不会这样单纯地显现出来。但是，你和他们在一起的时间长了，就会发现他们主要的性格特征，这样，就可以因人而异去和他们沟通啦。

得心应手的说话技巧

在工作中，我们每天相处得最多的人就是同事了。办公室里的同事之间每天都发生着这样或那样的事情，有些事简单，有些事复杂，但关键就在于大家怎么说。比如，明明简单的事，可能说的人，没有分寸，就被传来传去说成大事了。

有的事虽然复杂，但是谈论的人很有技巧，让这大事就在这语言中大而化之了。这就是语言的艺术。不管你是这些事件的主角，还是个看客，有时候你也不得不参与到其中，因此，掌握一些办公室说话的分寸和原则，在同事中塑造受欢迎和被欣赏的形象是至关重要的。

其实在办公室，有些时候我们每天和同事之间难免有话要说。说什么、怎么说，什么话都能说，什么话不能说，都应"讲究"。可以这样说，在办公室中"说话"更需要讲究。大多的情况下，有些人吃亏就是因为没有掌握住说话的艺术。

会说话的人，可以使自己在办公室中与同事的交往如鱼得水。语言是人类的栖居之地，做个会说话的人，在办公室中掌握与同事交往的语言技巧，会使你的职场发展得更加顺利。这里所谓"会说话"的人并不是指那种擅长讨价还价的人，或者是总能在争论中胡搅蛮缠一大筐，无理也能辨出三分的人，而是指能够因时、因地、因人而动，善于用语言打动人心，使对方感到或震撼、或信服、或同情、或感激，从而能在整个说话过程中掌握主动权，使自己的意思较顺利地得以传达的人。

同事间交流、沟通，协力合作离不开语言媒介，而这种语言又不同于家居、生活中与妻子儿女，兄弟姐妹间所使用的语言，后者带有更大的随意性和偶然性，而前者要注意分寸、讲究方式方法。

1. 注意分寸、讲究方式方法

身处办公室内，无论和谁说话，你都要注意分寸、讲究方式方法，最关键的是一定要得体。不卑不亢的说话态度，优雅大方的肢体语言，文明礼貌的语言……这就是语言的艺术，掌握这门语言艺术，你才能在同事交往中表现得更加自信。

2. 语气温和，态度和蔼

在办公室里和人讲话，语气一定要温和，态度要和蔼，要让同事们觉得你有亲切感，而不是刚一开口就把别人呛回去，更不要用命令的口吻和同事沟通。与同事说话时，也不要用手指指着对方，那样会让人觉得你很没有礼貌，或是让人觉得你是在侮辱对方。

如果大家的意见不统一，你不能自以为是地强迫别人听从你的意思，有意见可以保留，对于那些原则性不是很强的问题，不必争得面红耳赤、你死我活。在办公室里，不能否认，有些人的口才很好，如果你要想展现自己，可以用在商业谈判上。如果你经常在办公室里逞口舌之利，同事们自然就会疏远你，说不定还会被大家孤立。

3. 收敛锋芒，谦虚谨慎

如果你是一位很有能力的人，你就可以在同事面前锋芒毕露了吗？如果你是领导眼中的红人，你就可以洋洋自得了吗？如果你的工资或者奖金比同事多，你就可以大肆炫耀了吗？如果你希望和同事们相处得很好，最好不要这样做。即使你能力再强也要谦虚谨慎，尤其是在职场上，你这种骄傲自满、洋洋得意的样子，只会招人厌。

4. 不抱怨不埋怨

办公室里永远会有这样一些人，他们喜欢胡侃乱说，并以直性子为借口，经常向别人抱怨这个领导太势利，诉苦那个领导太苛刻。这样虽然能够很快拉近你与其他同事间的距离，加深你们之间的友谊。但据心理学家研究表明：事实上只有1%的人能够对秘密守口如瓶。当你对领导、同事有成见时，最好不要在办公室一吐为快。要是哪天传到当事人的耳朵人，就够你后悔莫及了。如果确实觉得自己受了委屈，你不妨选择在下班以后，找三五知己坐下来好好说说。

指出同事错误要委婉

在工作中，大家或许都有过这样的经历，无论自己是否做错了，当你的同事严厉地指责你时，你的心里一定非常不服气。甚至在心里说：你自己做得也不怎么样，有什么资格说我呢！批评责备无论对谁来说，都不是一件让人愉快的事。但是，如果你能够掌握适当的批评技巧和语言方式的话，说不定能够取得更好的效果。

美国总统柯立芝有一次批评他的女秘书说："你这件衣服很好看，你真是一个人一看就动心的小姐。但是我希望你打印文件的时候可以去注意一下标点符号，这样打印出来的文件才会像你一样好看。"女秘书对这次批评印象非常深刻，自此之后她打印文件的时候非常的小心。

不管是作为上司还是同级同事，只要我们记住：人非圣贤，孰能无过。在这个世界上，没有人不会犯错误。当我们面对一个总是不断犯错误的同事，在对其进行沟通的时候，一定要讲究方式，顾及对方的感受，委婉地表达你的想法，这样对方会很容易接受，还不会造成不必要的麻烦。我们也可以找一个恰当的机会，比如大家一起吃饭或聊天的时候，婉转地说出自己的想法，与当事人个别交换意见，也许更会得到对方的理解；或者用一个幽默来表达自己的看法，肯定有利于问题的解决。

每个人都可能在工作中犯错，这种过错有些时候可以被当事人发现并改正，而有些错误却是当事人在无知无觉的情况下造成的，这个时候，他就需要有人可以进行一些提示，或者说是指正。而人们又存在这样一种心理：不喜欢被人批评责备。那么，作为一个同事，在你的同事犯错需要你指正的时候，你该怎么做呢？说些什么，才能够当对方更好的认识到错误，并愉快的接受，进而改正呢？

1. 指出错误要选好场合

没有人喜欢自己被人指着自己哪里哪里做错了，尤其是在人多的场合。所以，在批评别人的时候，为了被批评者的"面子"，要尽可能避免第三者在场。关上门，小声说，你的语气越"温柔"越容易让人接受。

2. 创造良好的氛围

做错事的一方，一般都会本能的有种害怕被批评的情绪。如果一上来就开始你的"牢骚"，并且很快地进入正题，那么被批评者很可能会产生不自主的抵触情绪。很可能会造成他们口服心不服。所以，先创造和谐的气氛，先让他放松下来，然后再开始你的"慷慨陈辞"，这样才能达到很好的效果。

3. 对事不对人

谁都会做错事，做错了事，并不代表他这个人如何如何。批评时，一定要针对事情本身，不要针对人。一定要记住：永远不要批评"人"。因为错的只是行为本身，而不是某个人。

4. 找到解决问题的办法

当你批评某个人的同时，你必须要告诉他正确的做法，这才是正确的批评方法。不要只是"指手画脚"，一定要他明白：你不是想追究谁的责任，只是想解决问题。而且，你有能力解决。

做任何事情都是要讲方法的。就算是批评人也是要讲究一定的方法，要能够让别人心悦诚服地接受。来看下面一个例子，就很能说明这个问题。

有一家建筑公司的安全检查员，他的职责是督促工地上的工人戴好安全帽。刚开始，当他发现有不戴安全帽的工人时，立即很严肃地批评工人，要他马上戴好安全帽。结果，被批评的工人很不高兴，等他一离开，就马上脱下安全帽表示反感。

于是，安全检查员改变了方式，当他遇见有工人不戴安全帽时，就问是不是帽子戴起来不舒服，或是帽子的大小不合适。并且用愉快的声调提醒工人，戴好安全帽是很重要的，最后要求工人在工作时最好戴上安全帽。结果，工人很乐意地戴上了安全帽。

所以，有时候，我们严厉指责同事的错误，而他完全不为所动，并非他是一个不愿改正的人，而是你指责的方式错误了。选择正确的方式，不但可以帮助别人改正错误，还可以让我们拥有更宽松、愉快的工作环境。

对同事不能知无不言

同事是与自己一起工作的人，与同事相处得如何，直接关系到自己的工作、事业的进步与发展。同事与同事间的谈话，如何掌握分寸也就成了人际沟通中不可忽视的一环。因为"讲错话"常常会给你带来不必要的麻烦，若造成同事关系紧张，甚至影响工作。因此，与同事相处的过程中一定不要"知无不言"，而要有所保留，该说的说，不该说的话一定不要说。

一位小伙子在单位做司机，和一个同事私交甚好，常在一起喝酒聊天。彼此感到情投意合后，小伙子向这个要好的同事说了一件从未对任何人说过的事。原来他在没有工作心灰意懒的时候，借着酒醉曾经偷过他人的摩托车。

最后，小伙子真诚地说："我再也不会这样做了。只是感觉说出来心里还舒坦一些。你我是好朋友，相信你也能原谅我一时的冲动。"

可是，在后来单位的小轿车司机岗位竞聘中，小伙子由于表现突出成功受聘。可是，没过两天又被刷下来了。

事后，落选的小伙子才了解到，是自己最要好的同事把他那天酒醉后说出的话透露出去了。不难想象，曾经做过这样的事，领导怎能放心把高级轿车交给他开？

可见，同事之间如果知无不言，言无不尽，不知道会在什么时候给自己带来麻烦。

当然，这并不是说，要对所有的同事都提防，把所有的人都往坏处想。过于敏感其实是一种自我折磨，一种心理煎熬，那些神经过于敏感的人，同事关系肯定搞不好。

在单位中，特别是同一办公室的人，每天见面的时间很长，谈话可能涉及工作以外的各种事情。但是，办公室不是互诉心事的场所。即便是下班后的彼此闲谈，也不要涉及单位敏感的事情和自己的一些隐私。特别是对公司有消极影响的言辞，比如领导喜欢谁，谁最吃得开，谁又有绯闻等等，最好要三思而后行。因为这些耳语就像噪声一样，会影响人的工作情绪，而且不小心会传到他人耳中，还会引起矛盾，你也可能因此成为别人"攻击"的对象。如果是对上司不满，开口骂领导，抱怨工作太多，待遇又差，同事大多会随声附和，这就会成为"定时炸弹"。因此，聪明的你要懂得，该说的就勇敢地说，不该说的绝对不要乱说。

另外，也不要因为和某个同事交往过密，就打听人家不想说出的私事，或者把人家要隐瞒的事情四处传播。那样的话，即使你不是故意的，人家也会忌你三分。

至于自己的一些得意之事，比如，即将争取到一位重要的客户，老板暗地里给你发了奖金等，最好也不要全部拿出来向别人炫耀。不懂收敛，锋芒太露，很容易引起别人的反感或嫉妒，对你有害无益。

总之，同事之间可以亲密，但不能无间。假如你实在对说话情有独钟，总想夸耀自己的口才，那么建议你把此项"才华"留在更适合的场合，对那些和自己没有利害关系的人去发挥，那样就不会因为自己在嘴上逞能而招来是非。

懂得让领导做决定

我们都知道，领导作为上级，就是做决定下命令的人。但是很多员工，却常常故作聪明，忘却了这一点。这样做的后果，不但你的决定会被领导的否决，还会因此得罪领导，就有你好看的了。

三国演义里有这样一则故事：曹操怒斩杨修。曹操屯兵日久，想进军被马超拦路，想退兵又怕蜀兵耻笑。这天，厨师送来鸡汤，曹操见碗中有鸡肋，恰好夏侯惇来请示夜间口令，曹操随口说："鸡肋，鸡肋。"夏侯惇传令，口令为"鸡肋"。行军主簿杨修就让手下军士收拾行李，准备回家。

夏侯惇得报，问："你为什么收拾行李？"杨修说："因为听到今夜的口令，知道魏王不久就要退兵。鸡肋吃着没有肉，扔了又可惜。魏王进不能胜，退怕人笑，在此无益，不如早归。"夏侯惇众将都准备回家。曹操夜间巡营，见此情况，一怒命武士杀了杨修。原来，杨修才高，为人狂放，常犯曹操的忌讳，又与曹植关系密切，常教曹植难倒曹丕，甚至难倒曹操。曹操早想杀他，正好以扰乱军心的罪名杀了他。

由这则例子可以看出，曹操当时对进兵还是退兵犹豫不决，遂以"鸡肋"为号，但并未下令退兵，但杨修自以为洞察其真实意图，自作主张，视领导权威于不顾，是其罪名一也；大军初败，军心、士气为重，杨修扰乱军心，是其罪名二也。由此联想到，作为一名员工，不要以自己的看法、想法来替代领导的指令，自作聪明反被聪明误。

在与领导进行语言沟通时不要代替领导做出决定，而是应该引导领导，让领导说出自己的决定。

徐成年轻干练、做事踏实，入行没几年，职位便一路高升，很快成了单位里的主力干将。几天前，新领导走马上任，上任伊始，就把徐成叫了过去："小徐，你经验丰富，能力又强，这里有个新项目，你就多费心盯一盯吧。"

受到新领导的重用，徐成自然就干劲十足。恰好这天要去上海某周边城市谈判，徐成一合计，一行好几个人，坐长途公交车不方便，人也受累，会影响谈判效果；打车吧，一辆坐不下，两辆费用又太高；还是包一辆车好，经济实惠还方便。

主意定了，徐成却没有直接去办理。几年的职业生涯让他懂得，遇事向领导汇报一声是绝对有必要的。于是，徐成来到领导办公室。

"领导，您看，我们明天要出去谈判，"徐成把几种方案的利弊分析了一番，接着说，"所以呢，我决定包一辆车去。"

汇报完毕，徐成发现领导的脸不知道什么时候黑了下来。领导生硬地说："是吗？可是我认为这个方案不太好，你们还是坐长途车去吧。"

徐成愣住了，他万万没想到，一个如此合情合理的建议竟然被否决了。

"没道理呀，傻瓜都能看出我的方案是最佳的。"徐成大惑不解。

徐成凡事多向领导汇报的意识是很可贵的，可他错就错在措辞不当。徐成最后说的是"我决定包一辆车"。在领导面前说"我决定如何如何"是非常不明智的。如果徐成这样说："领导，我们现在有三个选择，各有利弊。我认为包车比较可行，但我做不了主，您经验丰富，帮我做个决定行吗？"领导听到这样的话，自然就会顺水推舟，答应这个请求。这样岂不是两全其美？

在职场中，聪明人永远不会代替领导做决定，而是让领导来决定。

不要随意开领导玩笑

在职场中，很多人都喜欢相互之间开开玩笑，这样不仅可以活跃气氛，还可以拉近彼此间的距离。但是同事之间相互开玩笑倒也还好，就是有些人和同事开玩笑开习惯了，面对领导也无所禁忌。殊不知，这种"没大没小"地对着领导开玩笑，说不定就成了自己职业发展的阻碍。

丹丹是某公司的报关员，更是个聪明活泼的女孩子。她脑子快、言辞犀利，并且还具有丰富的幽默细胞，是公司的一颗"开心果"。可是这么优秀的丹丹，在公司里却得不到经理的青睐。

丹丹工作相当认真努力，有时为了赶时间，一大清早就要赶到海关报关。满身疲惫回到办公室，经理不但不体谅她反而还不断地不分青红皂白地说她迟到、旷工，不管丹丹怎么解释都不行。丹丹委屈极了，就向有经验的人求教。有经验的人问她："你是不是平时在言词上对他不敬啊？"

这么一问，丹丹就想起了一些的事情，自己平时就爱与同事开玩笑，后来看到经理斯斯文文，对公司里的员工总是笑眯眯的，胆子一大，就开起了经理的玩笑。一天，领导一身崭新地来上班了，灰西装、灰衬衫、灰裤子、灰领带。丹丹夸张地大叫一声："经理，今天穿新衣服了！"经理听了咧嘴一笑，还未曾来得及品味喜悦的感觉，丹丹就又接着说了一句让领导十分不爱听的话："像只灰耗子！"

又有一天，客户来找经理签字，连连夸奖经理："您的签名可真气派！"这时，丹丹正好走进办公室，听了之后便一阵坏笑："能不气派吗，我们经理可是暗地里练习了三个月了。"丹丹这句话说出口之后，经理和客户便同时陷入了尴尬的局面。

由丹丹身上所发生的事情可以得知：开玩笑确实可以拉近同事间的距离，缓和人际关系。但是同事之间相互打趣对方，大家也就不太在意。但是对于领导，被下属打趣会产生一种被冒犯的感觉。这就是丹丹虽然聪明能干、却得不到重用的原因。

你一定要记住这句话：领导永远是领导，不要期望在工作岗位上能和他成为朋友。即便你们以前是同学或是好朋友，也不要自恃过去的交情与领导开玩笑，特别是在有别人在场的情况下，更应格外注意。所以，不要随便开领导的玩笑。想和领导拉近距离，我们可以通过得体的语言或者巧妙的赞美，而不是通过这种冒犯领导的方式。

如果你在办公室工作，无论日后是想仕途得意平步青云，还是想就此默默无闻地过太平日子，都有必要在办公室这个无风还起三尺浪的地方注意开玩笑的艺术，哪怕是最轻松的玩笑话，都要注意掌握分寸。

耳朵别太灵，要学会装"聋"

吕端在作北宋参政大臣、初入朝堂的那天，有个大臣指手画脚地说："这小子也能作参政？'吕端佯装没有听见而低头走过。

有些大臣替吕打抱不平，要追查那个轻慢吕端的大臣姓名，吕端赶忙阻止说："如果知道了他的姓名，怕是终生都很难忘记，不如不知为上。"吕端对付"记得"的招数，直接干脆是"不听"。没有听见，就无所谓记得不记得了。

这个世界似乎很嘈杂，我们的耳膜里总是充斥着各种各样的声音。有些声音让你开心，有些声音让你尴尬，有些声音会让你恼火……

有一位叫露丝的美国女士，她喜欢说的一句话是："你说什么我没听到哦。"这句话，给她的生活与事业带来了双丰收。

露丝在自己举行婚礼的那天早上，她在楼上做最后的准备，这时，她的母亲走上楼来，把一样东西放在露丝手里，然后看着她，用从未有过的认真对露丝说："我现在要给你一个今后一定用得着的忠告，那就要你必须记住，每一段美好的婚姻里，都有些话语值得充耳不闻。"

说完后，母亲在露丝的手心里放下一对软胶质耳塞。正沉浸在一片美好祝福声中的露丝十分困惑，不明白在这个时候塞一对耳塞到她手里究竟是什么意思。但没过多久，她与丈夫第一次发生争执时，便明白了老人的苦心。"她的用意很简单，她是用一生的经历与经验告诉我，人生气或冲动的时候，难免会说出一些未经考虑的话，而此时，最佳的应对之道就是充耳不闻，权当没有听到，而不要同样气愤然回嘴反击。"露丝说。

但对露丝而言，这句话产生的影响绝非仅限于婚姻。作为妻子，在家里她用这个方法化解丈夫尖锐的指责，修护自己的爱情生活。作为职业人，在公司她用这个方法淡化同时过激的抱怨优化自己的动环境，她告诫自己，愤怒，怨憎，忌妒与自虐都是无意义的，它只会掏空一个人的美丽，尤其是一个女人的美丽，每一个人都可能在某个时候会说出一些伤人或未经考虑的话。此时，最佳的应对之道就是暂时关闭自己的耳朵——你说什么，我没听到哦……

明明听到了，却要说没听到，并做到"没听到"的境界，当然不是那么容易。但正是因为不容易，才区分出一个人情商的高低。你也许不能一下子就跃升到露丝的境界，但不妨从现在起、从对待身边的人起，尝试一次"听不到"，再尝试一次……

万事开头难，但开头之后，再刻意坚持坚持，或许就"习惯成自然"了。心理专家认为改掉旧习惯、养成新习惯只需要28天。也许，你改掉喜欢计较他人说的话的习惯，只需要28次"听不到"就可以养成新的习惯。不信，你试试。

先哲老子就极为推崇"糊涂"。他自称"俗人昭昭，我独昏昏；俗人察察，我独闷闷"。而作为老子哲学核心范畴的"道"，更是那种"视之不见，听之不闻，搏之不得"的似糊涂又非糊涂、似明白又非明白的境界。

心中太明白了，就犯糊涂了，再糊涂一些就明白了，再明白一些，又真糊涂了。真糊涂了，那才是大智慧呀。

图书在版编目(CIP)数据

性格管理：细节决定成败 / 李素静著. -- 北京：
中华工商联合出版社，2020.11
　　ISBN 978-7-5158-2957-9

Ⅰ.①性… Ⅱ.①李… Ⅲ.①成功心理－通俗读物
Ⅳ.①B848.4-49

中国版本图书馆CIP数据核字（2020）第 228172 号

性格管理：细节决定成败

著　　者：李素静
出 品 人：李　梁
责任编辑：李　瑛
封面设计：冬　凡
责任审读：付德华
责任印制：迈致红
出版发行：中华工商联合出版社有限责任公司
印　　刷：三河市燕春印务有限公司
版　　次：2021 年 10 月第 1 版
印　　次：2022 年 4 月第 2 次印刷
开　　本：710mm × 1020mm　1/16
字　　数：145 千字
印　　张：12
书　　号：ISBN 978-7-5158-2957-9
定　　价：38.00 元

服务热线：010 — 58301130 — 0（前台）
销售热线：010 — 58302977（网店部）
　　　　　010 — 58302166（门店部）
　　　　　010 — 58302837（馆配部、新媒体部）
　　　　　010 — 58302813（团购部）
地址邮编：北京市西城区西环广场 A 座
　　　　　19 — 20 层，100044
http://www.chgslcbs.cn
投稿热线：010 — 58302907（总编室）
投稿邮箱：1621239583@qq.com